개정판

시퀀스 제어 이론 및 실습

이창우, 이정근, 홍교의, 김민규, 이중기 공저

光文閣
www.kwangmoonkag.co.kr

머리말

전기 기술자가 갖추어야 할 많은 기술적인 요인 중에 가장 중요하고 핵심이 되는 기술이 시퀀스 제어 기술일 것이다. 이런 시퀀스 제어를 정확하게 익히고 이를 이해하기 위하여 본 교재를 집필하였으며, 본 교재는 유접점 시퀀스 제어 회로를 중심으로 단계별로 기술을 익히며 현장에서도 유용하게 사용할 수 있는 실습 교재로 구성하였다.

제1장은 자동 제어에서 중요한 부분을 차지하고 있는 시퀀스 제어의 개요를 정의힐 수 있고, 시퀀스 제어에 사용되고 있는 조작용 스위치와 검출용 스위치의 동작 원리를 이해하고 이들을 시퀀스 제어에 활용할 수 있다.

제2장은 자동 제어를 이해하기 위한 기본 논리회로에 대하여 살펴보고 논리회로를 통한 시퀀스 제어 회로의 간략화 등을 구현할 수 있다.

제3장은 산업체의 구동 장치 중 핵심 요소인 전동기의 기본 개념를 이해하고 내부 구조를 이해하며 기동 방식 및 정·역 운전 방식을 이해한다.

제4장은 자동 제어에서 중요한 부분을 차지하고 있는 시퀀스 제어의 도면을 이해하고 기계·기구를 사용하여 해당 도면의 시퀀스 회로를 구성할 수 있으며 동작 상태를 확인할 수 있다.

제5장은 실제 현장에서 사용하고 있는 산업용 기기를 직접 시퀀스 회로로 작성하고 연선을 통히여 실무에 가까운 실습을 함으로써 본 교재 이용자늘의 현장 적응력을 키울 수 있도록 구성하였다.

본 교재는 전기·전자·계측 제어·생산 자동화·메카트로닉스·자동화 설비 관련학과 등에서 시퀀스 제어 실기 교재로 활용이 가능하도록 각 장이 구성되었고, 또한 산업 현장에서 제어 분야를 담당하는 기술자들에게도 좋은 참고서가 될 줄로 믿는다.

끝으로 전기 기술자로 거듭나기 위하여 노력하는 여러분들에게 이 교재가 많은 도움이 되고 현장에 나가서도 여러분들에게 힘이 되길 바랍니다.

저자 이 창우 씀

차 례

CONTENTS

CONTENTS

제1장
시퀀스 제어의 개요 및 주요 기기

학습 목표

자동 제어에서 중요한 부분을 차지하고 있는 시퀀스 제어의 개요를 정의할 수 있고, 시퀀스 제어에 사용되고 있는 조작용 스위치와 검출용 스위치의 동작 원리를 이해하고 이들을 시퀀스 제어에 활용할 수 있다.

1. 시퀀스 제어의 개요
2. 제어용 기기의 종류
3. 조작용 스위치
4. 검출용 스위치
5. 차단기, 퓨즈, 단자대 및 표시등
6. 릴레이
7. 구동용 기기

1 시퀀스 제어의 개요

제어(control)는 대상물에 스위치 조작에 의해 필요한 동작을 목적에 부합되도록 작동시키는 것을 말한다. 이러한 제어에는 수동제어(manual control)와 자동제어(automatic control)가 있다. 수동제어는 사람의 동작에 의해 동작하고, 자동제어는 미리 정해 놓은 순서에 따라 제어의 각 단계가 순차적으로 진행되는 시퀀스 제어(sequential control)와 기계 스스로 제어의 필요성을 판단하여 계속 수정 반복 동작하여 원하는 값을 얻는 피드백 제어(feed back control)가 있다.

가. 시퀀스 제어란

시퀀스제어는 어떤 동작이 일어나는 순서를 말하며 미리 정해진 순서 또는 일정한 논리에 의하여 정해진 순서에 따라 제어의 각 동작을 순차적으로 진행시켜 나가는 제어를 의미한다.

즉, 미리 정해진 순서 또는 일정한 이론에 의해 순서에 따라서 제어의 각 단계를 차례로 진행해 가는 것을 의미한다.

제어는 다음과 같이 사용되는 제어 소자에 따라 다음과 같이 발전되어 왔다.

1960년대에는 주로 전자 릴레이(magnetic relay)를 사용하여 시퀀스 제어를 행하였으나, 1970년대에는 트랜지스터, SCR, 디지털 IC 등의 전자 소자를 사용하였고, 1980년대 이후에는 마이크로프로세서나 PLC를 사용하여 시퀀스 제어를 시행하고 있다.

나. 시퀀스 제어의 필요성

오늘날 많은 사업장에서 시퀀스 제어 또는, PLC(programmable logic controller)를 병행하여 생산 시스템을 구축함으로써 작업 인원이 줄고 생산율이 향상되며, 근로자의 안전 작업과 작업 환경 측면에서도 많은 진보가 되었고, 경제적으로 경영의 합리화를 기할 수 있게 되었다.

시퀀스 제어로 인한 효과적인 이점은 다음과 같다.

① 제품의 품질이 균일화되고 향상되어 불량품이 감소된다.

② 생산속도를 증가시킨다.

③ 생산 능률이 향상된다.

④ 작업의 확실성이 보장된다.

⑤ 생산설비의 수명이 연장된다.

⑥ 작업원이 감소되어 인건비가 절감되고, 경제성이 향상된다.

⑦ 노동조건이 향상된다.

⑧ 작업자의 위험 방지 및 작업 환경이 개선된다.

다. 시퀀스 제어의 구성

시퀀스를 구성하는 부분은 크게 입력부, 제어부, 출력부로 분류할 수 있다. 입력부는 입력요소에 따라 수동과 자동으로 분류할 수 있고, 제어부는 입력 신호를 이용하여 우리가 원하는 동작을 만들어 출력에 내보내는 역할을 하고 있는 제어의 가장 중요한 부분이다. 출력부는 크게 어떠한 동작 상태를 알려 주는 표시부와 직접 움직이는 전동기, 솔레노이드 밸브 등의 구동부로 나눌 수 있다.

1) 시퀀스 제어를 구성하는 주요 부분

① 조작부: 푸시버튼 스위치와 같이 조작자가 조작할 수 있는 곳

② 검출부: 구동부가 행한 일이 정해진 조건을 만족한 경우, 그것을 검출하여 제어부에 신호를 보내는 것으로서 기계적 변위와 전기적 변위를 리밋 스위치 등으로 검출

③ 제어부: 전자릴레이, 전자접촉기, 타이머 등으로 구성

④ 구동부: 모터, 전자클러치, 솔레노이드 등으로 제어부로부터의 신호에 따라 실제의 동작을 행하는 부분

⑤ 표시부: 표시램프와 카운터 등으로 제어의 진행 상태를 나타내는 부분

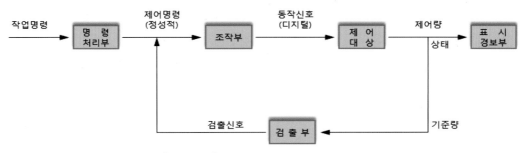

[그림 1-1] 시퀀스 제어계의 기본 구성

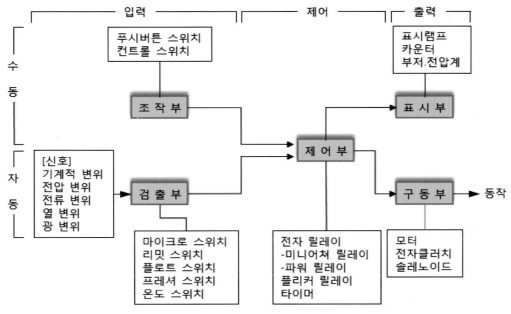

[그림 1-2] 시퀀스 제어의 신호 흐름

2) 시퀀스 제어계의 구성요소

① 제어 대상: 기계, 프로세스, 시스템의 대상이 되는 전체 또는 일부분(전동기, 밸브 등)

② 제어 장치: 제어하기 위하여 제어 대상에 부가되는 장치(자동전압조정장치 등)

③ 제어 요소: 동작 신호를 조작량으로 변환하는 요소이며 조절부와 조작부로 구성됨

④ 목표값: 입력신호이며 보통 기준입력과 같은 경우가 많음

⑤ 제어량: 제어되어야 할 제어 대상의 양으로서 보통 출력이라 함(회전수, 온도 등)

⑥ 기준 입력: 제어계를 동작시키는 기준으로서 직접 폐회로에 가해지는 입력신호이며
목표값에 대해 일정한 관계를 가짐

⑦ 되먹임 신호: 제어량을 목표값과 비교하기 위하여 궤환되는 신호
⑧ 조작량: 제어 장치로부터 제어 대상에 가해지는 양
⑨ 동작신호: 기준입력과 주 피드백 신호와의 차로 제어 동작을 일으키는 신호
⑩ 외란: 설정값 이외의 제어량을 변화시키는 모든 외적 인자

3) 시퀀스 제어의 용어

① 개로(Open. OFF): 전기회로의 일부를 스위치, 릴레이 등으로 여는 것
② 폐로(Close. ON): 전기회로의 일부를 스위치, 릴레이 등으로 닫는 것
③ 동작(Actuation): 어떤 원인을 주어서 소정의 동작을 하도록 하는 것
④ 복귀(Reseting): 동작 이전의 상태로 되돌리는 것
⑤ 여자(勵磁): 전자릴레이, 전자접촉기, 타이머 등의 코일에 전류가 흘러서 전자석으로
　　　　　　되는 것(힘쓸 여, 자석 자)
⑥ 소자(消磁): 전자코일에 흐르고 있는 전류를 차단하여 자력을 잃게 하는 것.(사라질 소,
　　　　　　자석 자)
⑦ 기동(Starting): 기기 또는 장치가 정지 상태에서 운전 상태로 되기까지의 과정
⑧ 운전(Running): 기기 또는 장치가 소정의 동작을 하고 있는 상태
⑨ 제동(Braking): 기기의 운전 상태를 억제하는 것으로 전기적 제동과 기계적 제동이 있다
⑩ 정지(Stopping): 기기 또는 장치를 운전 상태에서 정지 상태로 하는 것
⑪ 인칭(Inching): 기계의 순간 동작 운동을 얻기 위해 미소시간의 조작을 1회 반복해서
　　　　　　행하는 것
⑫ 보호(Protect): 피 제어 대상품의 이상 상태를 검출하여 기기의 손상을 막아 피해를
　　　　　　줄이는 것
⑬ 조작(Operating): 인력 또는 기타의 방법으로 소정의 운전을 하도록 하는 것
⑭ 차단(Breaking): 개폐기류를 조작하여 전기회로를 열어 전류가 통하지 않는 상태로 하
　　　　　　는 것
⑮ 투입(Closing): 개폐기류를 조작하여 전기회로를 닫아 전류가 통하는 상태로 만드는 것
⑯ 트리핑(Tripping): 유지 기구를 분리하여 개폐기 등을 개로하는 것
⑰ 쇄정(Inter Locking): 복수의 동작을 관련시키는 것으로 어떤 조건이 갖추기까지의 동
　　　　　　작을 정지시키는 것
⑱ 연동(連動): 복수의 동작을 관련시키는 것으로 어떤 조건이 갖추어졌을 때 동작을 진행
　　　　　　시키는 것

⑲ 조정(Adjustment): 양 또는 상태를 일정하게 유지하거나 혹은 일정한 기준에 따라 변하
　　 시켜 주는 것

⑳ 경보(Warning): 제어 대상의 고장 또는 위험 상태를 램프, 벨, 부저 등으로 표시하여
　　 조작자에게 알리는 것

라. 시퀀스 제어의 종류

시퀀스 제어는 사용하는 소자에 따라 크게 유접점, 무접점, 프로그램 제어로 분류할 수 있다.

1) 유접점 제어 방식

유접점 제어는 전자 릴레이(magnetic relay)를 사용하여 시퀀스 제어회로를 동작시키는데
다음과 같이 장·단점이 있다.

[표 1-1] 유접점 제어 방식의 장·단점

장점	단점
① 개폐 부하용량이 크다.	① 소비 전력이 비교적 크다.
② 과부하에 견디는 힘이 크다.	② 접점이 소모되므로 수명에 한계가 있다.
③ 전기적 노이즈에 대하여 안정하다.	③ 동작 속도가 늦다.
④ 온도 특성이 양호하다.	④ 기계적 진동, 충격 등에 비교적 약하다.
⑤ 입력과 출력을 분리하여 사용할 수 있다.	⑤ 외형의 소형화에 한계가 있다.

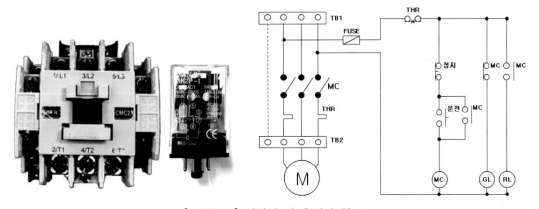

[그림 1-3] 릴레이 및 유접점 회로

2) 무접점 제어 방식

무접점 제어는 로직 시퀀스(Logic Sequence)라고도 하며, 트랜지스터나 IC 등의 반도체를 사용한 논리 소자를 스위치로 이용하여 제어하는 방식으로 표현방법에는 논리회로가 사용된다.

 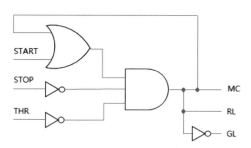

[그림 1-4] 무접점 소자 및 논리 회로

[표 1-2] 무접점 제어방식의 장점과 단점

장점	단점
① 동작 속도가 빠르다.	① 전기적 노이즈, 서지에 약하다.
② 고빈도 사용에 견디며 수명이 길다.	② 온도 변화에 약하다.
③ 고정밀도로서 동작 시간, 감도에 분산이 적다.	③ 신뢰성이 떨어진다.
④ 진동, 충격에 대한 불량 동작의 우려가 없다.	④ 별도의 전원을 필요로 한다.
⑤ 장치의 소형화가 가능하다.	

3) 프로그램 제어 방식

시퀀스 제어 전용의 마이크로컴퓨터를 이용한 제어 장치를 PLC(Programmable Logic Controller)라고 하며 프로그램 제어 장치라고도 부른다. 프로그램 방법은 니모닉(Nmnonic) 또는 래더도(Ladder Diagram) 등이 사용된다.

[표 1-3] 프로그램 제어의 특징

내용	특징
기능	프로그램으로 어떠한 복잡한 제어도 쉽게 가능
제어 내용의 가변성	프로그램 변경만으로도 가능
신뢰성	높다 (반도체)
범용성	많다
장치의 확장성	자유롭게 확장 가능
보수의 용이도	유니트 교환만으로 수리

기술적인 이해도	프로그램 규칙의 습득이 필요
장치의 크기	상대적으로 작다
설계/제작기간	짧다

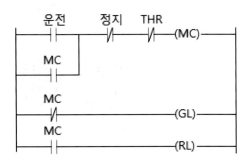

[그림 1-5] PLC 장치 및 래더도

마. 시퀀스 제어도

[그림 1-6]은 릴레이를 이용하여 램프를 동작시키는 시퀀스 회로이다. 이와 같은 시퀀스회로를 실제 배선도, 실체 배선도, 전개 접속도, 배면 접속도, 타임 차트, 플로우 차트 등으로 표시할 수 있다.

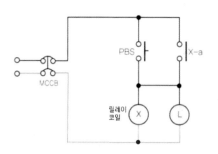

[그림 1-6] 시퀀스 회로도

○ 동작 설명

PBS를 누르면 전자 릴레이 X가 동작하여 전자 릴레이 a접점이 연동되어 닫힌 회로가 되고 전자 릴레이 a접점이 닫히면 램프 L이 점등하는 유접점 회로다.

1) 실제 배선도

실제 배선도란 기구나 배선의 상태를 실제의 실물과 동일한 모양으로 그린 배선도를 말한다.

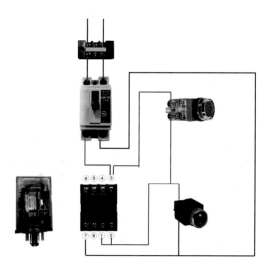

[그림 1-7] 실제 배선도 (그림 1-6의 실제 배선도)

2) 실체 배선도

실체 배선도란 부품의 배치 또는, 배선 상태 등을 실제의 구성에 맞추어 그리고 기구는 전기 용 심벌로 표시한 배선도를 말한다. 실체 배선도에는 기기의 구조와 배선 등이 정확히 기입되 어 있기 때문에 실제로 장치를 제작하거나 보수 점검할 때에 편리하다. 그러나 복잡한 회로에 서는 계통의 동작 원리 및 순서를 이해하는데 어려운 경우가 있기 때문에 간단한 회로 이외에 는 사용하지 않는다.

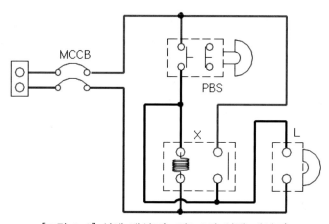

[그림 1-8] 실체 배선도(그림1-6의 실제 배선도)

3) 전개 접속도

제어계의 시퀀스를 명료하게 나타내기 위해 제어계의 기기나 장치 등의 접속을 상세하게 전개하여 표시한 도면으로서 일명 시퀀스도라 한다. 시퀀스도에서는 제어계의 기기 및 장치 등을 전기용 심벌을 사용하여 상호 간의 접속을 실선으로 나타낸다.

이것을 분류하면 주회로, 조작회로(보조회로, 제어회로), 경보회로로 나눈다. 그리고 그리는 방법은 좌-)우, 상-)하, 주회로, 조작회로, 경보회로 순이다.

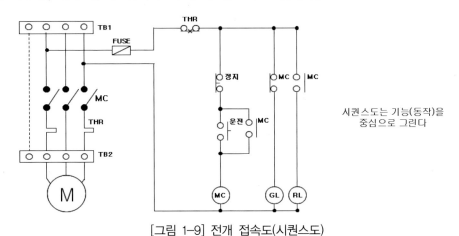

시퀀스도는 기능(동작)을 중심으로 그린다

[그림 1-9] 전개 접속도(시퀀스도)

4) 배면 접속도

장치의 제작, 시험, 점검 등을 위해 부품의 배치. 배선 상태 등을 실제의 구성에 맞추어 그린 것이다. 전자계전기 등은 보통 배전반에 설치하여 그 이면에 배선을 하게 되므로 이것을 배면 접속도(내부접속도)라 하며 배면 접속도는 실제의 배선 작업 및 보수 시에 매우 편리하다.

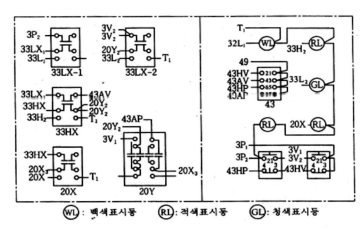

[그림 1-10]   배면 접속도

5) 타임 차트

타임 차트란 시퀀스 제어에 있어서 입력 동작에 따라 출력의 동작이 시간에 따라 어떻게 변화하는 것을 나타내는 그림이다.

○ 그리는 방법

ⓐ 세로축에 제어 기기를 동작 순서에 따라 그린다.

ⓑ 가로축에 이들의 시간적 변화를 선으로 표현한다. 제어 기기의 동작이 다른 어느 기기의 작동과 어떤 관계가 있는가를 점선으로 나타내는 수도 있다.

ⓒ 기동, 정지, 누르다, 떼다, 닫힌 회로(CLOSE), 개회로(OPEN), 점등, 소등등의 동작 상태를 타임 차트 위, 또는 아래에 표시한다.

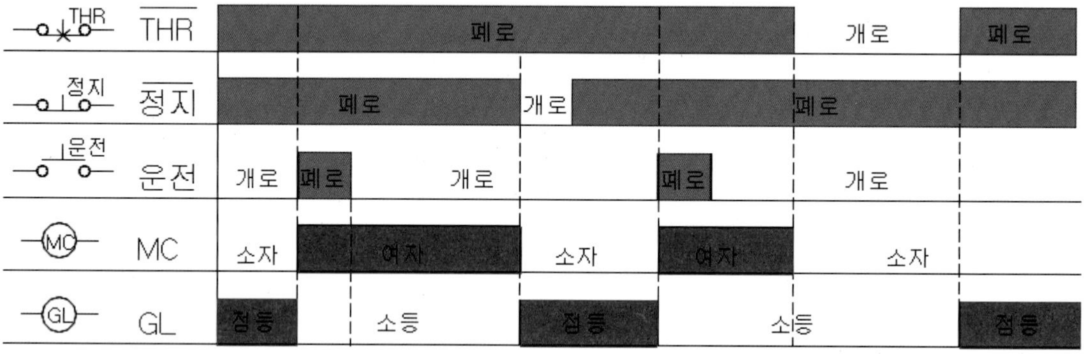

THR		폐로		개로	폐로
정지	폐로	개로		폐로	
운전	개로	폐로	개로	폐로	개로
MC	소자	여자	소자	여자	소자
GL	점등	소등	점등	소등	점등

[그림 1-11] 타임 차트 (그림 1-9의 동작 상태를 타임 차트로 표현)

6) 플로우 차트

[표 1-4] 플로우 차트 기호

기호	명칭	설명
——	흐름선 (flow line)	기호끼리의 연결을 나타내며, 교차와 결합의 2가지 상태가 있다.
═	병행 처리 (parallel mode)	둘 이상의 동시 조작 개시 또는 종료를 나타낸다.
○	결합자 (connector)	플로우 차트 다른 부분으로부터의 입구 또는 다른 부분의 출구를 나타낸다.
⬭	단자 (terminal interrupt)	플로우 차트의 단자를 표시하며 개시, 종료, 정지, 중단 등을 나타낸다.

	처리(process)	모드 종류의 작동 조작 등 처리 기능을 나타낸다.
	판단 (decision)	몇 개의 경로에서 어느 것을 선택하는가의 판단 또는 YES/NO 중의 선택 등을 나타낸다.
	준비 (preparation)	프로그램 자체를 바꾸는 등의 명령 또는 변경을 나타낸다.
	병합 (merge)	두 개 이상의 집합을 하나의 집합으로 결합하는 것을 나타낸다.
	추출 (extract)	하나의 집합 중에서 한 개 이상의 특정 집합을 빼내는 것을 나타낸다.
	입·출력 (in put/out put)	입·출력 기능을 0과 1로 나타낸다. 즉, 정보의 처리를 가능하게 한다.
	카드 (punched card)	펀칭 카드를 매개체로 하는 입·출력 기능을 나타낸다.

시퀀스 제어에서는 각종의 기기가 결합되어서 복잡한 회로가 구성되므로 각 구성 기기 간의 작동 순서를 상세하게 그리면 복잡하여 오히려 전체를 이해하기 어렵게 되는 수가 있다. 이러한 경우 회로의 이해를 돕기 위하여 기호와 화살표로 간단하게 표시하여 동작 순서를 나타낸 것이 플로우 차트 방식이다.

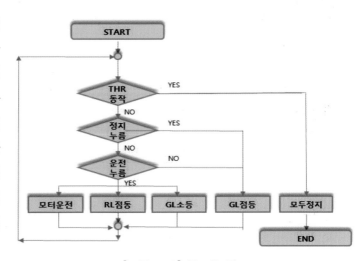

[그림 1-12] 플로우 차트

7) 전기용 그림 기호(통칭 심볼)

전기기기의 기구 관계를 생략하고, 기능이 되는 일부 요소를 간단화하여, 그 동작 상태를 쉽게 이해할 수 있게 한 것.

- KS(Korean industrial Standards): 한국공업규격 KSC 0102에 정해져 있다.

- IEC(International Electrotechnical Commission) : 국제전기표준회의에 의해 정해져 있다.

표 1-5 전기용 그림기호

기기명	그림기호(IEC)	그림기호(KS)	그림기호 그리는 법
누름버튼 스위치	(a) IEC (b) E--・ E-ㄴ (a접점) (b접점)	(a) (b) (a접점) (b접점)	(a) (b)
리밋 스위치	(a) IEC (b) IEC (a접점) (b접점)	(a) (b) (a접점) (b접점)	(a)는 동작일 경우에 폐로하는 것에 사용 (b)는 동작일 경우에 개로하는 것에 사용
전자 릴레이 전원	(a) IEC (b) IEC	(a) (b) (c)	(a)전압코일 (b)전압전류 구별이 필요 없을 때 ─(MC)─
전자 릴레이 접점	NO접점 NC접점	NO접점 NC접점	전자 릴레이가 부세되면, NO 접점은 폐로되고. NC 접점은 개로되었다. 전자 릴레이가 소세되며 원상태로 복귀하는 접점
수동복귀접점	NO접점 NC접점	NO접점 NC접점	동작은 위와 동일하지만 전자코일이 소세하여도 동작 상태를 계속 유지함, 수동으로 복귀조작을 하여야 한다.
한시 릴레이 전원부	(a) IEC (b) IEC	(a) (b) (c)	일반 릴레이의 전원부 와 표기는 동일

기기명	그림기호(IEC)	그림기호(KS)	그림기호 그리는 법
한시동작 접점	NO접점 NC접점	NO접점 NC접점	시한 릴레이가 동작할 때, 시간 지연이 생기는 접점을 말한다. 복귀 시는 순시복귀 (한시동작 순시복귀 접점)
한시복귀 접점	NO접점 NC접점	NO접점 NC접점	동작은 순시 동작됨 시한 릴레이가 복귀할 때, 시간 지연이 일으키는 접점을 말한다. (순시동작 한시복귀 접점)
배선용 차단기	(a) IEC (b)	(a) (b)	5*l* 2.5*l*
교류차단기	(a) IEC (b)	(a) (b)	4*l* 4*l* 8*l*
램프	IEC C2-빨강 C5-초록 C3-주황 C6-파랑 C4-노랑 C9-하양	RL-빨강 GL-초록 OL-주황 BL-파랑 YL-노랑 WL-하양	색을 명시하고 싶을 때는, 컬러코드에 의한 기호를 한 쪽에 쓴다. 예) RL 적색 램프
부저	(a) IEC (a) IEC	(b) BEL (b) BZ	(a) 1.5*l* (b) 1.5*l*

바. 시퀀스도 그리기

각종 장치가 사용되는 복잡한 제어 회로에서 기기 상호 간의 접속을 표시할 때 단선 접속도나 복선 접속도, 배치도 등을 보아서는 동작이 어떻게 이루어지는지 또한 어떤 형태로 제어 회로가 이루어지는지 이해하기 어려울 때가 많다. 이러한 경우에 제어 방식이나 동작 순서를 알기 쉽게 표시한 접속도의 필요성이 요구된다. 따라서 다음과 같이 주의하여 시퀀스도를 작성한다.

① 제어 전원 모선은 전원 도선으로 도면 상하에 가로선으로, 또는 도면 좌우에 세로선으로 표시한다.

② 제어 기기를 연결하는 접속선은 상하 전원선 사이에 세로선으로, 또는 좌우 전원 모선 사이에 가로선으로 표시한다.

③ 접속선은 작동 순서에 따라 좌측에서 우측으로 또는 위에서 아래로 그린다.

④ 제어 기기는 비작동 상태로 하며 모든 전원은 차단한 상태로 표현한다.

⑤ 개폐 접점을 가진 제어 기기는 그 기구 부분이나 지지 보호 부분 등의 기계적 관련 상태를 생략하고 접점 및 코일 등으로 표시하며, 접속선에서 분리하여 표시한다.

⑥ 제어 기기가 분산된 각 부분에는 그 제어 기기 명을 표시한 문자 기호를 첨가하여 기기의 관련 상태를 표시한다.

시퀀스도 작성요령 공통사항

ⓐ 시퀀스도 작성 용지는 KS 규격 A3의 크기를 사용한다.

ⓑ 시퀀스도 작성 용지의 오른쪽 아래에 도면 번호를 기입하는 난이 있고 도면의 배열순서 선별에 편리하도록 1매마다 고유 번호를 붙이는 것을 원칙으로 한다.

ⓒ 도면의 매수가 많아질 경우는 동일 번호에 첨부 번호를 붙여 구별하는 방법을 취한다.

ⓓ 시퀀스도는 접속선 방향, 제어 전원 모선의 방향 혹은 제어 동작의 진행 방향 등에 의해 종서와 횡서로 구분한다.

ⓔ 전원은 반드시 구분하든지 차단할 수 있도록 개폐기류를 부착하고 (즉, 전원 모선 쪽에서 차단할 수 있도록 한다.) 전원의 배열방법은 직류를 외측(또는 내측) 모선으로 하고, 교류를 내측(또는 외측) 모선이 되도록 한다.

ⓕ 도선의 굵기는 전원 모선은 굵은 선을 사용하고 상하 또는 좌우 간격을 3~5[mm] 정도

로 하며, 3상 교류 회로의 전원에서 인출 및 접속선은 원칙적으로 좌상방에서 우하방으로 경사지게 인출한다.

단, 역회전 시키고자 할 때는 무관하다.

ⓖ 버튼 측은 상측의 제어 모선에 두고 다음에 접촉기, 릴레이의 접점을 둔다. 코일, 램프 등은 원칙적으로 하측 음극이나 중성선(또는 S상)에 연결되도록 작성하면 좋다.

ⓗ 접점의 간격은 단자의 4배로 하고 회전기14[mm], 개폐기 10[mm], 램프 8[mm] 정도로 한다.

ⓘ 좌측에서부터 시작하여 차례로 우측 방향으로 그려 나간다.

1) 세로 시퀀스도 그리기(종서 시퀀스도 그리기)

① 제어 전원 모선은 도면의 상·하 방향으로 가로선으로 그린다.
② 접속선은 제어 전원 모선 사이의 세로선으로 그린다.
③ 접속선은 작동 순서에 따라 좌측에서 우측으로 그린다.

종서도 그리기

ⓐ 종서의 시퀀스도는 접속선 내에 대부분 신호의 흐름이 상하 방향으로 도시되어 있는 것을 말함. 접속선은 상하 방향, 즉 제어 전원 모선 사이에 '종선'으로 표시하고, 동작의 순서에 따라 '왼쪽에서 오른쪽으로' 병렬하여 그린다.

ⓑ 주회로를 그린다.
- 주회로의 나이프 스위치, 접촉기, 열동소자, 전동기, 단자대 등의 기호를 표시하고 부호를 붙인다.
- 각 기구를 굵은 선으로 연결하여 주 회로를 완성한다.

⊙ 전원의 상순은 좌에서 우로 (R,S,T 또는 R,S,T,N)으로 표시한다.
⊙ 자동/수동 전환 스위치가 있는 경우, 통상적으로 선택되는 상태로 표시한다.
⊙ 계전기의 주접점 및 보조접점등은 모두 전원이 끊긴 상태, 검출 스위치는 검출되지 않은 상태를 표시한다.
⊙ 제어 기기가 분산된 각 부분에는 그 제어 기기명을 표시한 문자 기호를 첨가하여 기기의 관련 상태를 표시한다.

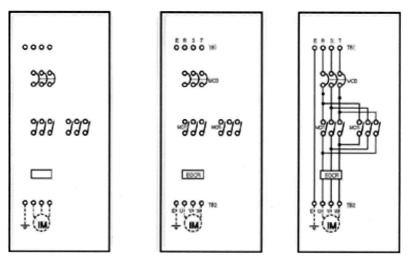

[그림 1-13] 시퀀스 도면 그리기 주회로

ⓒ 제어회로를 그린다.

- 주회로의 2상(예, R상과 N상)에서 제어 전원 모선을 상하 방향에 횡선으로 표시하고 중성선이 아닌 상에 퓨즈를 삽입한다. (즉 N상에는 퓨즈를 부착하지 않는다)
- 푸시 버튼 스위치, 접촉기 코일, 열동 소자 접점 등을 도면의 전체적인 면에서 조화를 이룰 수 있도록 (짜임새 있게) 간격을 띄워서 표시하고 부호를 붙인다.
- 각 기호의 접점을 제어 전원 모선의 상하에 종선으로 연결한다.

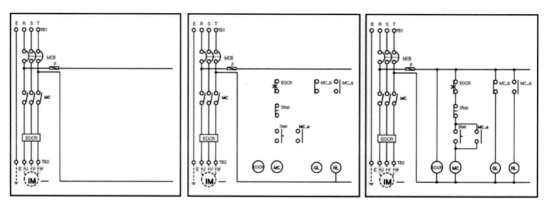

[그림 1-14] 시퀀스 도면 그리기 제어회로

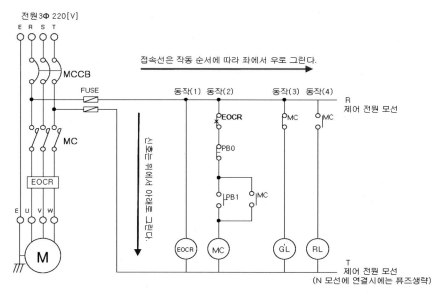

[그림 1-15] 세로로 그리는 방법(종서)

2) 가로 시퀀스도 그리기(횡서 시퀀스도)

① 제어 전원 모선은 도면의 좌·우 방향으로 세로선으로 그린다.

② 접속선은 제어 전원 모선 사이의 가로선으로 그린다.

③ 접속선은 작동 순서에 따라 위에서 아래로 그린다.

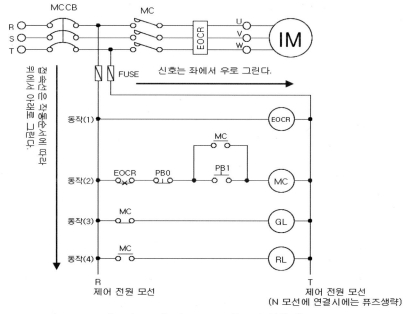

[그림 1-16] 가로로 그리는 방법(횡서)

3) 직류 및 교류 제어 전원 모선의 표시법

직류 전원 모선은 종서에는 위쪽에, 횡서에서는 왼쪽에 그리고 교류 전원은 종서에는 아래쪽, 횡서에는 오른쪽에 그린다.

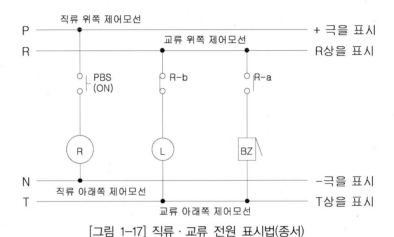

[그림 1-17] 직류·교류 전원 표시법(종서)

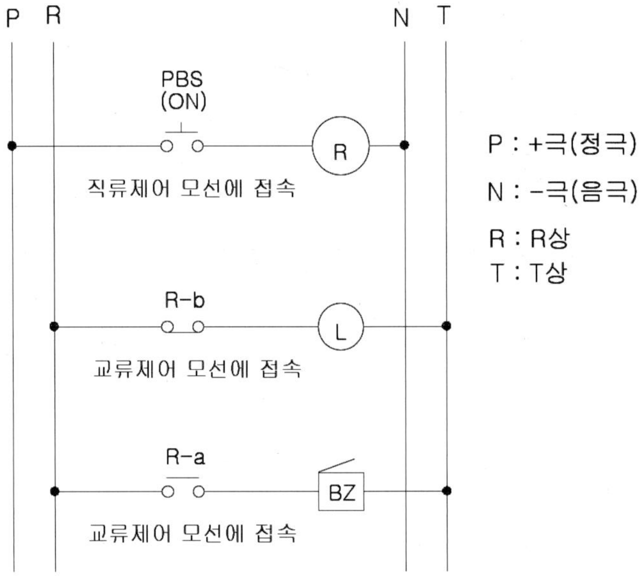

[그림 1-18] 직류·교류전원 표시법(횡서)

2 │ 제어용 기기의 종류

시퀀스 제어에 사용되는 제어용 기기는 용도에 따라 분류하면 조작용 스위치, 제어용 기기, 검출용 스위치, 표시경보용 기기 등으로 크게 구분할 수 있다.

3 │ 조작용 스위치 종류

가. 접점의 종류

접점(Contact)이란 회로를 접속하거나 차단하는 것으로 a접점, b접점, c접점이 있다.

[표 1-6] 접점의 종류

접점의종류	점점의상태	별칭
a 접점	열려 있는 접점 (arbeit contact)	○ 메이크 접점(make contact) ○ 상개 접점(normally open contact) 　(NO 접점 : 상시 열려 있는 접점)
b 접점	닫혀 있는 접점 (break contact)	○ 브레이크 접점(break contact) ○ 상폐 접점(normally close contact) 　(NC 접점 : 상시 닫혀 있는 접점)
c 접점	전환 접점 (change-over contact)	○ 브레이크 메이크 접점(break make contact) ○ 트랜스퍼 접점(transfer contact)

arbeit: 아르바이트, contact: 접촉, 접속, 접점, break: 중단하다 ex)break time: 휴식시간

1) a접점(arbeit contact)

a접점이란 스위치를 조작하기 전에는 열려 있다가 조작하면 닫히는 접점으로 '일하는 접점'(arbeit contact), 또는 메이크 접점(make contact), 상시 개로 접점(NO 접점: normally open contact)이라고도 한다.

영어의 머리글자를 따서 'a'로 표시한다.

2) b접점(break contact)

b접점이란 스위치를 조작하기 전에는 닫혀 있다가 조작하면 '열리는 접점', 또는 브레이크 접점(break contact), 상시폐로 접점(NC 접점: normally closed contact)이라고도 한다.

영어의 머리글자를 따서 'b'로 표시한다.

3) c접점(change-over contact)

절환접점이라는 뜻으로 고정 a접점과 b접점을 공유하고 있으며, 조작 전 b접점에 가동부가 접촉되어 있다가 누르면 a접점으로 절환되는 접점을 말한다. 트랜스퍼 접점(transfer contact)이라고도 한다.

[표 1-7] 접점의 기호

항목		a접점		b접점		c접점	
		횡서	종서	횡서	종서	횡서	종서
수동 조작 접점	수동 복귀						
	자동 복귀						
릴레이 접점	수동 복귀						
	자동 복귀						
타이머 접점	한시 동작						
	한시 복귀						
기계적 접점							

나. 조작용 스위치

조작용 스위치는 사람이 손으로 조작하여 작업 명령을 주거나 명령처리의 방법을 변경 또는 수동·자동으로 변환되는 스위치를 말하며, 수동 조작 스위치란 인위적인 조작에 의해서 신호의 변환을 제어 장치에 주는 기구이다. 제작 시 절연 내력, 전기적 수명 시험, 과부하 시험, 기계적 시험 등의 각종 시험을 거쳐서 기기를 제작한다.

1) 푸시버튼 스위치(Push Button Switch)

버튼을 누르는 것에 의하여 접점 기구부가 개폐되는 동작에 의하여 전기 회로를 개로 또는 폐로하는데, 손을 떼면 스프링의 힘에 의해 자동으로 원래의 상태로 되돌아 오는 복귀형과 한번 누르고 손을 떼어도 그대로 유지하는 유지형이 있다.

[그림 1-19] 푸시버튼 스위치의 동작 원리(1a 1b 접점)

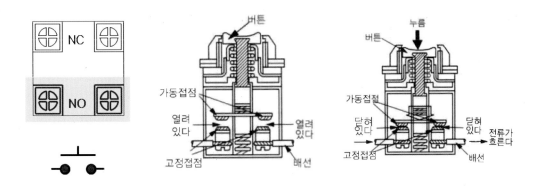

(a) a접점 심벌 및 기구 뒤면

(b) a접점 내부 구조

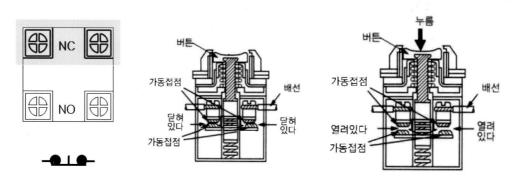

(c) b접점 심벌 및
    기구 뒤면

(d) b접점 내부 구조

[그림 1-20] 푸시버튼 스위치의 a, b접점 동작 원리

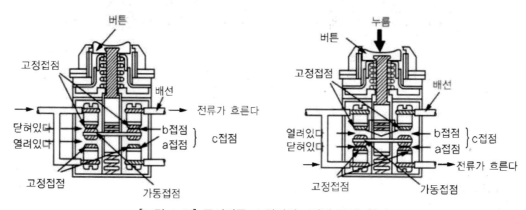

[그림 1-21] 푸시버튼 스위치의 c접점 동작 원리

[표 1-8] 버튼의 색상에 의한 기능의 분류(램프의 색상과 다른 경우가 있으므로 유의한다)

색 상	기 능	적 용
녹 색	기 동	시퀀스의 기동, 전동기의 기동
적 색	정 지	전동기의 정지
	비상 정지	모든 시스템의 정지
황 색	리 셋	부분적인 동작
백 색	상기 색상에서 규정되지 않은 이외의 동작	

2) 조광형 푸시버튼 스위치

조광형 푸시버튼 스위치는 한 개의 제품으로 스위치 기능과 램프의 역할을 가지고 있는 스위치를 조광형 푸시버튼 스위치라 말한다.

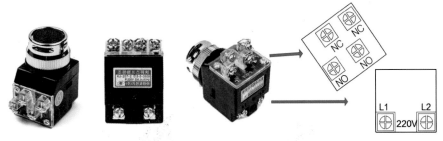

[그림 1-22] 조광형 푸시버튼 스위치

3) 셀렉터 스위치(Selector Switch)

유지형 스위치로서 운전/정지, 자동/수동, 연동/단동 등과 같이 조작방법의 절환 스위치

① 용도: 조작을 가하여 반대 조작이 있을 때까지 조작 접점 상태를 유지하는 유지형 스위치

② 구성: 운전/정지, 자동/수동, 연동/단동 등과 같이 조작방법의 절환 스위치로 사용된다.

③ 구분: 일반적으로 11시 방향(반시계 방향), 1시 방향(시계 방향)으로 조작을 표시하며
　　　　1시 방향(시계 방향)이 일반적으로 운전, 자동, 연동 등의 조작으로 사용됨

　참고) 시계 방향(1시 방향)의 조작 시 위쪽 접점 두개가 붙는 경우가 있고, 제품의 종류에
　　　　따라 아래쪽 접점 두 개가 붙는 경우가 있다. 반드시 접점을 확인한 후 사용해야
　　　　한다.

설명	스위치 상태	접점 상태		
11시 방향 수동 위치		 M●　●M　●　●		
1시 방향 자동 위치		 ●　● A●　●A		
수동, 자동, 공통 접점을 구분하여 사용한다.		M● ●SS A●　●		

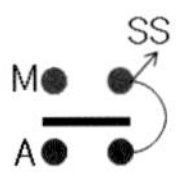

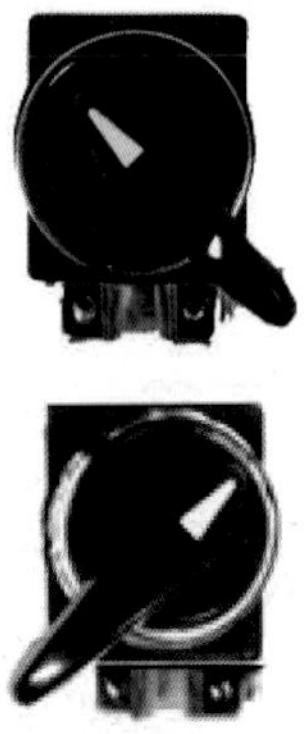

[그림 1-23] 셀렉터 스위치

4) 로터리 스위치(Rotary Switch)

로터리 스위치는 접점부의 회전 작동에 의해서 접점을 변환하는 스위치이며, 원주 모양으로 배치된 접점 상에 와이퍼를 회전시킴으로써 원하는 접점(거기에 접속된 회로)을 선택하기 위한 전환 스위치이다. 회전수, 접점수가 부족한 경우는 똑같은 구조의 것을 여러 단 겹쳐서 사용되며 전등의 점멸(광도조정), 전열기의 열 조정, 소형 전동기의 기동 정지 외에 전기 통신, 화학 기기 등의 회로 교체에도 널리 이용된다.

[그림 1-24] 로터리 스위치

5) 캠 스위치(Cam Switch)

캠 스위치는 캠과 접점으로 구성된 플러그로서 여러 단수를 연결해서 한 몸체로 만든 것으로 드럼 스위치보다 이용도가 많으며 소형이다. 이것은 밀폐형이므로 접점부에 산화 및 먼지 등이 침입하지 않는 특징이 있다. 이것은 주로 전류계, 전압계의 절환용으로 이용되고 있다

(a) VS(전압계 절환용)   (b) AS(전류계 절환용)

[그림 1-25] 캠 스위치

6) 비상 스위치

비상 시 전 회로를 긴급히 차단할 때 사용하는 적색의 돌출형 스위치로서 차단 시에는 눌러 차단을 유지하고, 복귀 시는 우측으로 돌려 복귀한다.

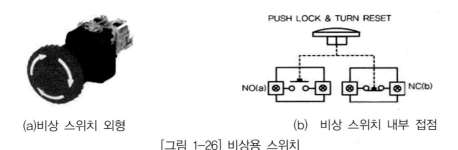

(a)비상 스위치 외형   (b) 비상 스위치 내부 접점

[그림 1-26] 비상용 스위치

7) 정·역 스위치

전동기 정·역 스위치로 많이 사용된다. 전동기를 FOR(정회전), STOP(정지), REV(역회전) 시키는 스위치이다.

 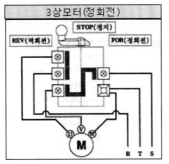 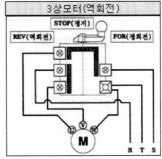

(a) 레바식 정역 스위치

 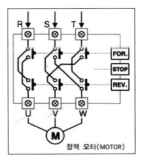

(b) 버튼식 정역 스위치

[그림 1-27] 정역 스위치의 종류 및 내부 구조

8) 푸트 스위치(Foot Switch)

푸트 스위치는 양손으로 작업할 때 기계 장치의 운전 및 정지의 조작을 위하여 위치 조작을 발로 할 수 있는 스위치이다. 응용 예로는 전동 재봉틀, 프레스 기계 등 산업 현장에서 널리 사용되고 있다. [그림 1-27]은 푸트 스위치의 외형 및 접점을 나타낸다.

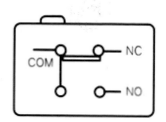

(a)푸트 스위치 외형　　　　　　(b)푸트 스위치 내부 접점

[그림 1-28] 푸트 스위치

4 | 검출용 스위치

검출용 스위치(detect switch)는 제어 대상의 상태나 변화를 검출하기 위한 것으로 어떤 물체의 위치나 액체의 높이, 압력, 빛, 온도, 전압, 자계 등을 검출하여 조작 기기를 작동시키는 스위치이다. 따라서 검출용 스위치는 사람의 눈이나 귀 등의 감각에 해당하는 작용을 하며 구조에 따라 리미트 스위치, 마이크로 스위치, 근접 스위치, 광전 스위치, 온도 스위치, 압력 스위치, 레벨 스위치, 플로우트 스위치, 플로트레스 스위치 등이 있다.

가 접촉식 스위치

1) 마이크로 스위치(Micro Switch)

마이크로 스위치는 성형 케이스에 접점 기구를 내장 하고 있는 소형 스위치를 말하며 압력 검출, 액면 검출, 바이메탈을 이용한 온도 조절, 중량 검출 등 여러 곳에 사용된다. 미소접점 간격과 스냅 액션 기구를 가지고 정해진 힘과 움직임으로 개폐하는 접점 기구를 절연 물질인 케이스(case)에 내장하여 그 외부에 액추에이터를 갖춘 소형의 스위치로 리미트 스위치와 같은 용도로 사용된다.

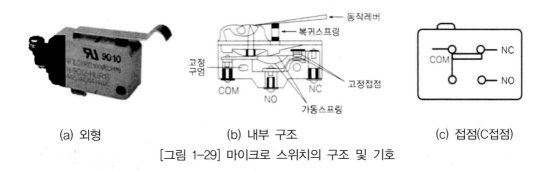

(a) 외형   (b) 내부 구조   (c) 접점(C접점)

[그림 1-29] 마이크로 스위치의 구조 및 기호

[표 1-9] 마이크로 스위치 단자 기호

표시명	영문	명칭
COM	COMMON	공통 단자
NO	NORMALLY OPEN	상시 개로(a접점)
NC	NORMALLY CLOSED	상시 폐로(b접점)

2) 리미트 스위치(Limit Switch)

리미트 스위치는 제어 대상의 위치 및 동작의 상태 또는 변화를 검출하는 스위치로서 공작 기계 등 모든 산업 현장에서 검출용 스위치로 많이 사용되고 있다. 구조는 접촉자(actuator), 접점(contact block), 외장(encloser)으로 구성되어 있다.

(a) 표준 로울러   (b) 조절 로울러   (c) 양레버 걸림형   (d) 조절로드   (e) 코일
　　레버형   레버형   레버형   스프링형

[그림 1-30] 리미트 스위치의 종류

3) 액면 스위치(Float Switch)

레벨 스위치(Level Switch) 또는 액면 스위치는 여러 가지 물질의 표면과 기준면과의 거리를 검출하는 스위치를 말한다. 주로 액체의 레벨을 검출하기 때문에 액면 스위치라고 말한다. 검출용의 전극이 있고 액체나 분체에 의한 정전용량, 저항값의 변화를 검출하여 출력을 나타낸다. 또 검출 방법에 따라 풀로트를 사용하는 플로트(float)식과 액체가 전극에 접촉했을 때 전극 간의 저항의 변화를 검출하는 전극식으로 분류된다. 플로트 스위치의 구조는 액체가 낮아지거나 높아지면 장치에 의해 플로트가 리미트 스위치의 가동부를 당기거나 밀어올려서 접점을 개폐하는 장치이다.

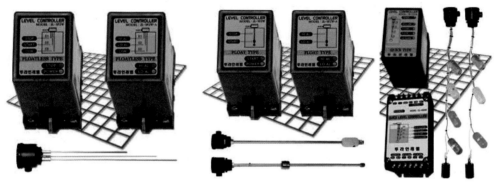

(a) 전극식 레벨 스위치　　　　　　　　　　(b) 플로트식 레벨 스위치

[그림 1-31] 액면 스위치의 종류(투라인레벨사 사진)

나. 비접촉식 스위치

1) 근접 스위치

근접 스위치(proximity switch)는 대상 물체와의 직접 접촉에 의해 동작하는 것이 아니라 물체가 접근하는 것을 무접촉으로 검출하는 정지형 스위치로서 반도체 소자를 응용하여 기계적인 힘이 전혀 불필요하다. 이것은 전류 개폐의 접점이 없기 때문에 응답 속도가 빠르고 전자 회로와 직접 결합할 수 있는 이점을 가진다.

① 고주파 발진형 : 검출 코일의 인덕턴스의 변화를 이용하여 개폐하는 스위치
　　　　　　　　　고주파 발진을 이용하여 금속의 대상체를 검출하는 제품
② 정전 용량형 : 도체 전극 간의 정전용량의 변화를 이용하여 개폐하는 스위치
　　　　　　　　나무, 플라스틱, 액체, 종이와 같은 비금속 및 금속 물체 모두를 감지(유

전율을 갖는 물체)할 수 있으며, 일반적으로 액체 혹은 벌크 생산품의 레벨 측정에 주로 쓰인다.

또한 오버플로우 및 누수 제어 및 펌프 건조 상태 유지를 위해 사용된다.

즉, 불투명 용기 내 액체 검출 등에도 사용된다.

고주파 발진형 근접 스위치의 동작 원리와 구조

(a) 외형

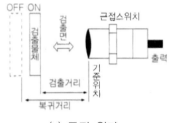

(b) 내부 구조

(c) 동작 원리

그림 1-32 고주파 발진형 근접 스위치

사용설명서 오토닉스 제품으로 설명한다.

제어출력 회로도 및 부하동작

※ DC 2선식

(1) DC 2선식을

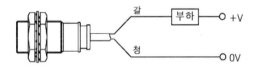

(2) DC 2선식을

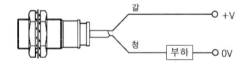

※ DC 3선식

(3) DC 3선식 NPN 출력 타입

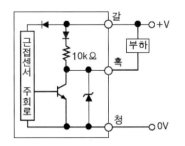

(4) DC 3선식 PNP 출력 타입

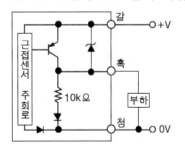

[그림 1-33] 고주파 발진형 근접 스위치 사용설명서

설명)

근접 센서도 포토 센서와 사용법은 동일하다. 근접 센서를 이용하는 방법은 다양하지만 주로 PLC의 입력 요소로 많이 활용되고 있고, 설명 또한 PLC의 입력에 사용하는 경우로 설명한다.

또한 센서를 많이 사용하는 경우는 PLC 자체 DC 전원은 용량이 부족하므로 별도의 DC POWER SUPPLY(SMPS)를 사용하는 경우로 설명한다.

① DC 2선식 상단의 경우는 PLC 입력의 공통 단자에 +V 전압을 인가하여야 하며 근접 센서의 청색에는 −V 전압을 인가하고 센서의 갈색선을 PLC의 입력에 연결하면 된다.

② DC 2선식 하단의 경우는 PLC 입력의 공통 단자에 -V 전압을 인가하여야 하며 근접센 서의 갈색에는 +V 전압을 인가하고 센서의 청색선을 PLC의 입력에 연결하면 된다.

③ DC 3선식 상단의 경우 갈색에 +V, 청색에 −V를 인가하고 PLC의 공통 단자에 +V를 인가하고 흑색선을 PLC의 입력 단자에 연결하면 된다.

④ DC 3선식 상단의 경우 갈색에 +V, 청색에 −V를 인가하고 PLC의 공통 단자에 -V를 인가하고 흑색선을 PLC의 입력 단자에 연결하면 된다.

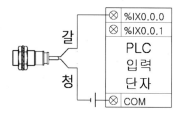

2선식[PLC 소스(Source) 타입 모듈 사용시]

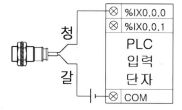

2선식[PLC 싱크(Sink) 타입 모듈 사용시]

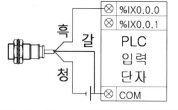

3선식[PLC 소스(Source) 타입 모듈 사용시] NPN

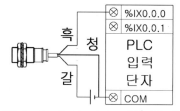

3선식[PLC 싱크(Sink) 타입 모듈 사용시] PNP

※ 그림의 부하의 위치에는 PLC의 입력모듈이 연결되지만 릴레이의 전원부를 연결하여 릴 레이를 동작시켜 PLC를 사용하지 않고 시퀀스 제어에 직접 활용하는 경우도 있다.

2) 광전 스위치

대상 물체에 빛을 투과한 후 반사, 투과, 차광되는 원리를 이용하여 수광부에서 출력을 제어하는 원리이다. 검출물이 금속일 필요는 없고 비교적 원거리로부터 검출이 가능한 것이 장점이다. 광의 검출 형태에 따라 투과형과 반사형으로 구분하고 반사형에는 직접 반사형과 간접 반사형이 있다.

동작 원리

① 투과형 광전 스위치: 투과형 광전 스위치는 투광기와 수광기를 수평으로 배치하여 빛을 차광하든가 또는 감쇠시킴으로써 검출하는 방식으로 가장 일반적으로 사용되고 있다.

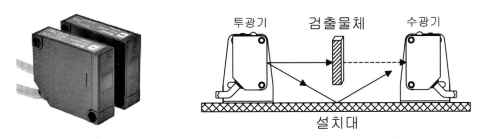

[그림 1-34] 투과형 광전 스위치(예, KPS-AR500: 투과형)

② 직접 반사형 광전 스위치: 직접 반사형은 투광기와 수광기 하나로 구성된 복합형이며, 투광부에서 방사된 빛이 직접 대상 물체에 닿으면 그 반사광을 수광부가 받아서 검출하는 방식

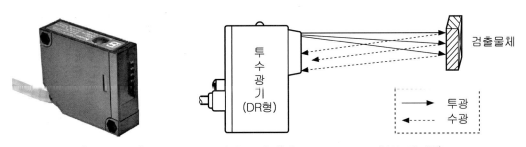

[그림 1-35] 직접 반사형 광전 스위치(예,KPS-AR40DR: 확산 반사형)

③ 거울반사형 광전 스위치: 거울반사형은 투광기와 수광기가 하나로 구성된 투광기와 반사거울로 구성되어 있으며, 투·수광기와 반사 거울 사이의 대상 물체를 검출하는 방식

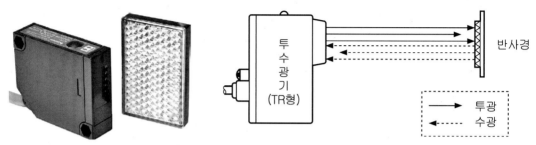

[그림 1-36] 거울 반사형 광전 스위치(예, KPS-AP250TR: 회귀 반사형)

사용설명서 오토닉스 제품으로 설명한다.

■ 제어출력 회로도

투과형 수광기: **BM3M-TDT2**
미러 반사형: **BM1M-MDT**
확산 반사형: **BM200-DDT**

■ 동작모드

동작모드	Light ON
수광부 상태	입광 / 차광
동작 표시등 (적색 LED)	ON / OFF
트랜지스터 출력	ON / OFF

동작모드	Dark ON
수광부 상태	입광 / 차광
동작 표시등 (적색 LED)	ON / OFF
트랜지스터 출력	ON / OFF

■ 접속도

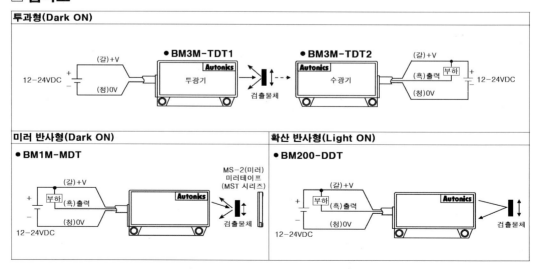

[그림 1-37] 광전 스위치 사용설명서

설명)

현장에서 가장 많이 활용하고 있는 3선식 포토센서로서 NPN 포토센서에 대한 카탈로그 일부분이다. DARK ON 모드로 사용한다는 물체가 감지되었을 때 신호가 나온다(센서가 동작)는 것을 의미한다.

이때 신호는 흑색 전선에서 나오는 전압을 가지고 신호를 전달하며, NPN 타입은 센서가 동작시(물체가 감지시) OV의 전압이 나오고, 만약 PNP 타입의 동일한 센서를 사용한다면 +12~24V(갈색과 청색에 인가한 외부전원)의 전압이 나오게 된다.

※근접 센서의 예를 통하여 제품의 규격을 알아보자

EX) PR□□□■18 -8DN-■ :

- PR 센서 모양 (PR: 원주형), (PS: 각주형), (PFI: FLAT형), (CR: 원주 정정 용량형)
- ■배선 형태 (무표시 DC 3선식, 또는 교류 2선식), (T로 표시: DC 2선식)
- 18(검출 표면지름 ㎜)
- 8(검출 거리 ㎜),
- D 전원 접압   D(DC12~24V), X(DC12~24V무극성), A(AC100~220V)
- N 출력 구성   N(NPN NO), N2(NPN NC), P(PNP NO), P2(PNP NC) 등
- ■ 규격 케이블(무표시: 일반형), (V: 내우성강화케이블) 등

---

5 ┐ 차단기, 퓨즈, 단자대 및 표시등

가. 배선용 차단기(Molded Case Circuit Breaker: MCCB)

배선용 차단기란 개폐기구 트립 장치 등을 절연물 용기 속에 일체로 조립한 기중 차단기를 말한다. 배선용 차단기는 부하전류의 개폐를 하는 전원 스위치로 사용되는 외에 과전류 및 단락 시에는 열동 트립기구(또는 전자트립기구)가 동작하여 자동적으로 회로를 차단한다. 과부하 장치가 있는 장치로서 일명 NFB(No Fuse Breaker)라고 하며 전동기 0.2 kW 이상의 운전 회로, 주택 배전반용 및 각종 제어반에 사용되고 있으며 전원의 상수와 정격 전류에 따라 구분하여 사용하고 주변의 온도는 40°C를 기준으로

한다. 배선용 차단기를 극수에 따라 분류하면 빌딩 등의 분전반에 사용되는 1극, 가정 분전반에 사용되는 2극, 3상 동력에 사용되는 3극, 3상 4선식 회로에 사용되는 4극 등이 있다.

나. 누전 차단기(Earth Leakage Breaker: ELB)

교류 600V 이하의 전로에서 인체에 대한 감전 사고 및 누전에 의한 화재, 아크에 의한 기구손상을 방지하기 위한 목적으로 사용되는 차단기이며, 누전 차단기는 개폐 기구, 트립 장치 등을 절연물 용기 내에 일체로 조립한 것으로 통전 상태의 전로를 수동 또는 전기 조작에 의해 개폐할 수 있으며, 과부하 및 단락 등의 상태(과부하 겸용 누전 차단기)나 누전이 발생할 때 자동적으로 전류를 차단하는 기구를 말한다. 누전 차단기는 전기 기기 등에 발생하기 쉬운 누전, 감전 등의 재해를 방지하기 위하여 누전이 발생하기 쉬운 곳에 설치하며, 이상 발생 시 감지하고 회로를 차단시키는 작용을 한다.

누전 차단기 동작 원리

○ 누전이 없는 상태

영상 변류기를 통해 흐르는 전류가 돌아 들어가는 전류와 같은 수치로 되어 있고, 흐르는 전류에 따라 영상 변류기에 발생하는 자속(ϕ)은 서로 상쇄된다.

○ 누전이 발생한 상태

누전이 발생하면 영상 변류기를 통해 흐르는 전류에 차가 생기며 이 전류차에 따라 영상 변류기 2차 권선의 누전 검출부에 신호를 보내고, 이 신호에 따라서 누전 검출부가 누전 트립 기구를 작동시켜 누전 차단기가 회로를 차단하게 된다.

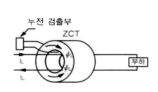

(a) 누전이 없는 상태

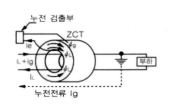

(b) 누전이 발생한 상태

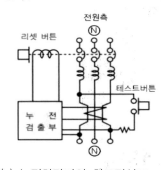

(c) 누전차단기의 회로결선도

그림 1-38 누전차단기 동작 원리

다. 퓨즈(Fuse)

퓨즈란 과전류, 특히 단락 전류가 흘렀을때 퓨즈 엘레멘트가 용단되어 회로를 자동적으로 차단시켜 주는 역할을 하고, 퓨즈 홀더는 퓨즈를 고정시키는 것이다. 퓨즈는 납이나 주석 등 열에 녹기 쉬운 금속(가용체라고 한다)으로 되어 있으며, 퓨즈의 종류에는 포장형과 비포장형이 있고, 형태에 따라 실형, 판형(걸이형), 통형 등의 여러 가지가 있다.

(a) 유리관형(통형 휴즈): 계기내

(b) 플러그퓨즈 외관: 제어판 내

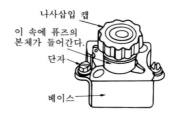

(c) 플러그퓨즈의 구조

그림 1-39 퓨즈의 종류

1) 퓨즈의 종류

① 실 퓨즈 : 정격전류 5A 이하에서 사용한다.

② 판 퓨즈 : 경금속제로 그 양끝이 고리 모양으로 되어 있다.

③ 통형 퓨즈 : 퓨즈가 통속에 들어 있다.

실 퓨즈

판 퓨즈

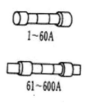

통형 퓨즈

2) 플러그 퓨즈(Plug Fuse)

자동 제어의 배전반용에 가장 많이 사용되며 플러그 퓨즈의 내부 구조는 [그림 1-39-b]와 같으며, 퓨즈의 정격전류는 색상에 의해 구분된다.

3) 사용상 주의사항

① 퓨즈의 정격 용량에 적합한 것을 사용하여야 한다.(구리선이나 철선을 사용해서는 안 된다)

② 개방형 퓨즈를 설치할 경우 확실히 고정하고 인장력을 받지 않도록 하여야 한다.

라. 단자대 (Therminal Block)

단자대는 컨트롤반과 조작반의 연결 등에 사용하는 것으로 터미널 또는 단자라 한다. 단자대를 접속하는 방법에는 압착 단자에 의한 방법, 링 고리에 의한 방법, 누르판 압착 방법 등이 있으며, 단자대는 배선수와 정격 전류를 감안하여 정격값의 것을 사용한다. 단자대에는 고정식과 조립식이 있다.

1) 터미널에 3상 교류회로를 배치할 경우 전선 배치 방법

① 배선도체를 상하로 배치할 경우에는 위로부터 [제1상] [제2상] [제3상] [접지] 순으로 한다.

② 배선도체를 원근으로 배치할 경우에는 가까운 곳부터 [접지] [제1상] [제2상] [제3상] 순으로 한다.

③ 배선도체를 좌우로 배치할 경우에는 왼쪽에서부터 [접지] [제1상] [제2상] [제3상] 순으로 한다.

2) 배선도체의 상별 색상(3상교류)

상(문자)	색상	구 규정
L1	갈색	R (흑)
L2	흑색	S (적)
L3	회색	T (청)
N	청색	N (백색. 회색)
보호도체	녹색–노란색	E (녹색)

나도체 : 전선 종단부에 색상이 반영구적으로 유지될 수 있게할 것(도색, 밴드, 색 테이프 등)

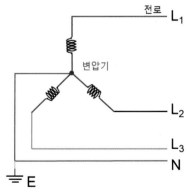

배선도체의 구분 색은 피복의 색으로 하든지 혹은 압착단자 비닐캡의 색깔이나 비닐 테이프를 감는 방법 등 여러 가지가 있다.

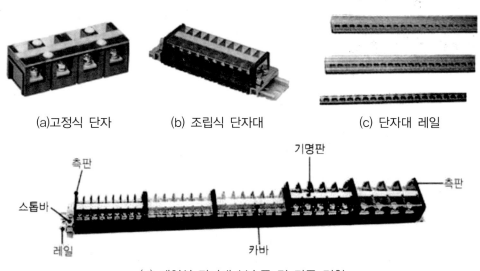

(a)고정식 단자　　(b) 조립식 단자대　　(c) 단자대 레일

(d) 레일식 단자대 부속품 및 각종 명칭

그림 1-40 단자대의 종류

마. 표시등(pilot lamp)의 표시

각 검출 요소에 표시등 또는 부저를 접속하여 회로의 동작 상태 및 고장 등을 구별하기 위하여 다음과 같이 색상을 구분하여 사용한다.

[표 1-10] 표시등의 색상

동작상태	색상	기호	영문
전원 표시	백색	WL, PL	white lamp, pilot lamp
운전 표시	적색	RL	red lamp
정지 표시	녹색	GL	green lamp
경보 표시	등색	OL	orange lamp
고장 표시	황색	YL	yellow lamp

※ IEC(장비 상태에 관계된 지시부호): 적색(시스템의 멈춤), 녹색(정상 동작)으로 스위치의
　색상과 동일함

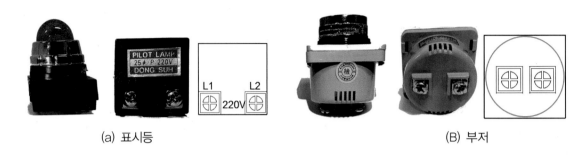

(a) 표시등   (B) 부저

[그림 1-41] 표시등 및 부저

6 릴레이

가. 계전기(Relay)

전자계전기는 전자코일에 전류가 흐르면 전자석이 되어 그 전자력에 의해 접점을 개폐하는 기능을 가진 장치를 말하며, 일반 시퀀스 회로, 회로의 분기나 접속, 저압 전원의 투입이나 차단 등에 사용된다. 전자계전기에서 코일에 전류가 흘러 전자력을 갖는 상태를 여자라 하고, 전류가 흐르지 않아 전자력을 잃어 원래의 위치로 되는 상태를 소자라 한다.

릴레이는 힌지형과 플런저형이 있으며, 전원 방식으로는 코일에 공급되는 전압에 따라 직류용과 교류용이 있다. 릴레이 핀수는 8핀(2c), 11핀(3c), 14핀(4c)이 있고, 베이스를 사용하여 배선하고 계전기 핀을 베이스에 삽입하여 사용할 때는 가운데 홈 방향이 아래로 오도록 고정시켜야 하고, 그리고 계전기를 꽂아서 사용할 때는 홈에 맞도록 하여 사용하여야 한다.

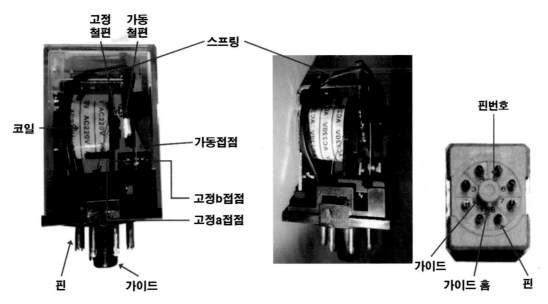

그림 1-42 릴레이 구조

1) 구성요소

① 전원부 : 전자석이 되는 부분으로서 정격전압이 정해져 있고 정격전압보다 높은 경우는 절연파괴되고, 낮은 전압 인가 시 동작하지 않음(예, AC 220[V])

② 접점부 : 외부 회로에 대하여 스위치의 역할을 하는 부분으로 그 역시 접점을 통하여 공급할수 있는 인가 전압과 정격전류가 정해져 있다(예, 220V 10A ; 220V 10A 이하에서 사용 가능)

ex) 250VAC /28VDC 10A RES 접점을 통하여 공급되는 부하가 저항용 부하로써 공급 전압이 250VAC/28VDC인 경우 10A까지 접점이 견딜 수 있다.

250VAC 7A GEN 접점을 통하여 공급되는 부하가 일반부하로써 공급 전압이 250VAC인 경우 7A까지 접점이 견딜 수 있다.

그 외도 카다로그에는 여러 부하(코일저항 등)에 대한 허용 전류가 정의되어 있다.

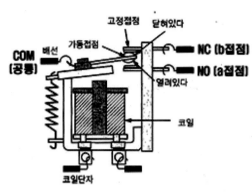 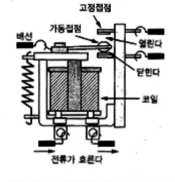

(a) 복귀 상태(초기 상태 또는 전원부 소자 상태)　　(b) 동작 상태(전원부 여자 상태)

그림 1-43 릴레이 동작 원리

2) 릴레이 종류

[표 1-11] 릴레이의 종류

표 시 명	힌지형 릴레이	플런저형 릴레이
사진		
구조	○ 힌지형 전자석 ○ 1점 차단 접점(즉, C접점으로 구성) ○ 접촉압력적다	○ 플런저형 전자석 ○ 2점 차단 접점(즉, 1a, 1b 등으로 구성) ○ 동력 전달 크다
성능	○ 기계적으로 장수명 ○ 경부하 개폐용 　(접점을 통하여 공급 용량이 적다) 　공급용량 = 공급전압× 공급전류 ○ 소비전력이 작다. ○ 소형방진 커버부	○ 전기적으로 장수명 ○ 비교적 큰 부하 개폐에 적합 　(접점을 통하여 공급 용량이 크다) 　공급용량 = 공급전압× 공급전류 ○ 소비전력이 약간 크다. ○ 구조 견고. 약간 대형
접속	○ 플러그인 구조로 교환 용이 ○ 각종 소켓, 배선방식 등 종류 풍부 ○ 배선 스페이스의 협소를 보완 요망	○ 표면형, 나사단자 접속 ○ 배선 용이

3) 릴레이 구분

[표 1-12] 릴레이 구분

내용	8핀 계전기	11핀 계전기	14핀 계전기
핀 구조			
내부 결선도			
베이스 구조			

※ 주의) 핀 번호와 베이스 번호의 도면이 서로 대칭으로 제공되는 경우가 있다.

4) 타임 차트

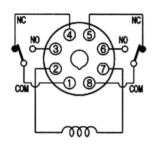

[그림 1-44] 릴레이 타임 차트

나. 타이머(Timer)

시간 지연이 생기도록 인위적으로 만든 계전기, 즉 전기적. 기계적 입력을 부여하면 정해진 시간이 경과한 후에 접점이 개로·폐로된다.

1) 종류

① 동작 원리에 따른 구분
  ○ 전동기식 - 전기적인 입력 신호에 의해 동기 전동기를 회전시켜, 그 기계적인 동작에 의해 소정의 시간이 경과한 후 개폐시킨다.
  ○ 제동식 - 공기, 기름 등의 유채에 의한 제동을 이용하여 시간의 뒤짐을 취하고, 이것과 전자 코일을 결합시켜 접점을 개폐시킨다.
  ○ 전기식 - 콘덴서와 저항의 결합에 의해 충·방전 특성을 이용하여 소정의 시간 뒤짐을 취하고 전자 릴레이의 접점을 개폐시킨다.(RC 시정수 이용)
② 동작 상태에 따른 구분
  ○ 한시 동작형(ON-Delay): 입력 신호가 들어오고 설정 시간이 지난 후 접점이 동작하며 신호 차단 시 접점이 순시 복귀되는 형태
  ○ 한시 복귀형(OFF-Delay): 입력 신호가 들어오면 순간적으로 접점이 동작하며 입력 신호가 소자하면 접점이 설정 시간 후 동작 복귀되는 형태
  ○ 한시 동작·한시 복귀형(OFF-Delay): 입력 신호가 들어오면 일정 시간후 동작, 입력 신호가 소자하면 일정 시간후 복귀됨(플리커 릴레이와는 구분)

2) 구성

타이머는 코일부(전원부), 접점부(순시 접점, 한시 접점)로 구성되어 있다. 타이머는 주로 베이스에 결합하여 사용

☞ 주의: 종류별로 순시, 한시 접점의 개수가 다르므로 필요한 접점을 카탈로그를 참조하여 사용

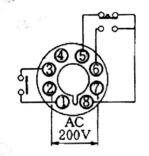

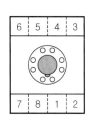

(a) 8핀 타이머   (b) 8핀 타이머(ON-Delay) 내부구조   (c) 8핀 베이스

[그림 1-45] 타이머

3) 심벌

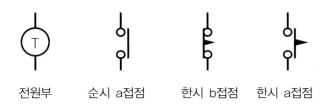

전원부   순시 a접점   한시 b접점   한시 a접점

4) 타임 차트

시간 흐름에 따라 각 기기의 동작 상태를 그림으로 나타낸 것으로 가로축(횡축)에 시간을 표시하고, 세로축(종축)에 각 기기를 입력과 출력으로 나누어 표시한다. 입력 동작에 따라 출력 동작이 시간에 따라 어떻게 변화는지를 나타낸 그림

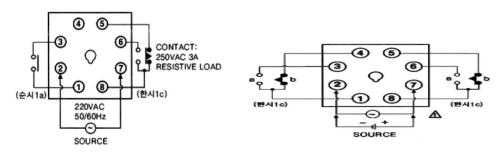

(a) 한시 동작 순시 복귀형 타이머

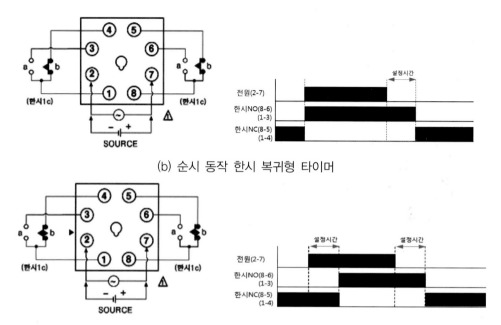

(b) 순시 동작 한시 복귀형 타이머

(c) 한시 동작 한시 복귀형 타이머 (플리커 릴레이와 혼돈하지 마세요)

[그림 1-46] 타이머 타임 차트

다. 플리커 릴레이(Flicker Relay)

전원이 투입되면 a접점과 b접점이 교대 점멸되며, 점멸 시간을 사용자가 조절할 수 있고 경보 신호용 및 교 대점멸 등에 사용된다.

1) 구성

플리커 릴레이는 코일부, 접점부(한시 접점)로 구성되어 있다. 베이스에 결합하여 사용한다.

2) 심벌

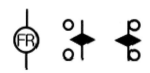

(a) 플리커 릴레이 외형

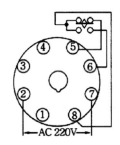

(b) 플리커 릴레이 내부 회로도

[그림 1-47] 플리커 릴레이

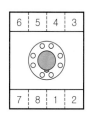

(c) 8핀 베이스

3) 타임 차트

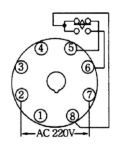

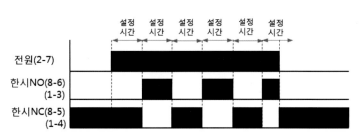

[그림 1-48] 플리커 릴레이 타임

라. 카운터(Counter)

각종 센서와 연결하여 길이 및 생산 수량 등의 숫자를 셀 때 사용하는 용도로 카운터는 가산(Up), 감산(Down), 가·감산용(Up, Down)이 있으며, 입력 신호가 들어오면 출력으로 수치를 표시한다.

카운터 내부 회로 입력이 되는 펄스 신호를 가하는 것을 셋(Set), 취소(복귀) 신호에 해당되는 것을 리셋(Reset)이라고 한다. 계수 방식에 따라서는 수를 적산하여 그 결과를 표시하는 적산 카운터와 처음부터 선정한 수와 입력한 수를 비교해서 같을 때 출력 신호를 내는 프리셋 카운터(Free Set Counter)가 있으며, 출력 방법으로는 계수식과 디지털식이 있다.

○ 용용 장소 :
  - (가·감산 카운터): 입구, 출구에 설치하여 입고 차량 확인 및 입산 인원 확인
  - (가산 카운터): 물품의 BOX 내 포장. 배관 길이(로터리 엔코더와 연동) 절단에 활용

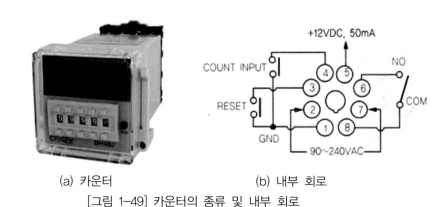

(a) 카운터   (b) 내부 회로
[그림 1-49] 카운터의 종류 및 내부 회로

마. 플로트레스 스위치(Floatless Switch) : 액면 제어기, 레벨 콘트롤라

플로트레스 계전기라고도 하며, 공장 등에 각종 액면 제어를 할 때 사용하며, 농업용수, 정수장, 오수처리장 및 일반 가정의 상하수도에 다목적으로 사용된다. 소형 경량화되어 설치가 편리하며, 입력 전압은 주로 220V이고, 전극 전압(2차 전압)은 8V로 동작된다. 종류로는 압력식, 전극식, 전자식 등이 있으며, 주로 베이스에 삽입하여 사용하도록 만들어져 있으며, 8핀과 11핀 등이 있다.

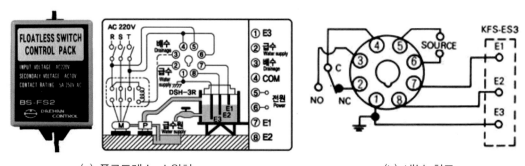

(a) 플로트레스 스위치   (b) 내부 회로
[그림 1-50] 플로트레스 스위치의 구조 및 내부 회로

○ 급수 회로 시 동작(4번 2번 단자 사용)
   급수 시 수면이 E1에 도달하면 모터펌프가 자동 정지되며, E2 이하로 되면 모터펌프는 자동 동작된다. 전극 스위치 E3 단자는 반드시 접지하여 사용한다.
○ 배수 회로 시 동작(4번 3번 단자 사용)
   배수 시 수면이 E1에 도달하면 모터펌프가 자동 기동되며, E2 이하로 되면 모터펌프는 자동 정지된다. 전극 스위치 E3 단자는 반드시 접지하여 사용한다.

○ 해석

입력 센스에서 신호가 입력이 들어오지 않으면(물이 감지되지 않으며) NC가 폐로되고, NO는 개로, 입력 센스에서 신호가 들어오면(물이 감지되면) NC는 개로되고 NO는 폐로된다.

∴ NC는 급수 회로에 이용하고, NO는 배수 회로에 이용하면 된다.

※ 동작 검사 시에는 E1선과 E3선을 연결하여 접점의 변화를 읽으면 된다. 즉 E1선과 E3선을 연결 시 NC 접점(급수 접점)은 개로되고, NO 접점(배 수접점)은 폐로된다.

기타 제품

제품 1) 하이트롤(HLC-300)

플로트레스 스위치 C(COMMON)가 공통 단자이고 급수 회로에 사용 시에는 P단자(Provide: 공급)를 사용하고, 배수 회로에 사용시에는 D단자(Drain: 배수)를 활용하면 되고, P단자(급수 단자) 활용 시에는 E3가 급수 시작, E2가 급수 정지 치가 되며, D단자(배수 단자) 활용 시에는 E2가 배수 시작, E3가 배수 정지 위치가 된다. 알람 접점과 부저 접점은 말 그대로 접점으로써 시퀀스적으로 알람램프나 부저를 결선하여 사용하면 된다.

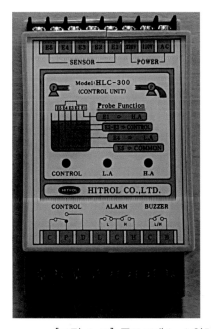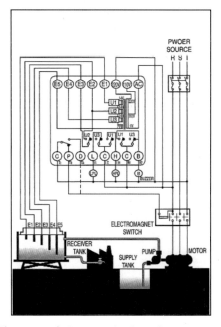

[그림 1-51] 플로트레스 스위치(HLC-300)의 구조 및 내부 회로

제품 2) 투라인레벨 (2L-2S2WC)

E3번 전동기 1번 기동 신호(PUMP1 접점 폐로) , E2 전동기 2번 기동 신호(PUMP2 접점 폐로), E4번이 전동기 정지 신호이다. 다시 전동기 기동 신호가 E3번 신호가 들어오면 전동기 1번 기동 신호(PUMP2 접점 폐로), E2 전동기 2번 기동 신호(PUMP1 접점 폐로)가 되고 정지 후 다시 전동기 기동신호가 들어오면 전동기의 동작 순서가 교대로 바뀐다. E1신호가 들어오면 HI ALARM 접점을 폐로시킨다.

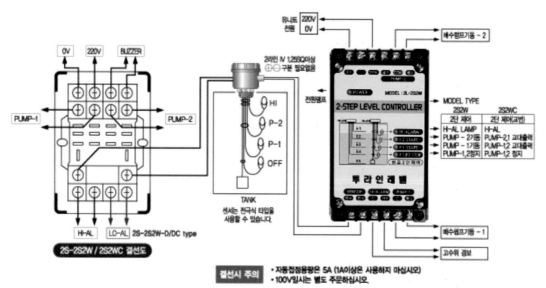

[그림 1-52] 플로트레스 스위치(2L-2S2WC) 의 구조 및 내부 회로

바. 온도 릴레이(Temperature Relay)

① 용도: 온도의 값을 일정하게 유지하고자 할 때 사용 (저온 창고, 사우나장 등)
② 구성: 전원부. 온도센서, 접점부, 출력(SSR,전류, 전송)
③ 주의: 사용 온도 릴레이 종류에 따라 부착하는 온도센서의 종류가 다르므로 확인 요망
　　　　온도센서(가. 백금측온저항체(RTD), 3선식, 나. 열전대(T.C)(K(CA), J(IC), R(PR)
　　　　등) 2선식, 다.아나로그(전압, 전류))

※ 백금측온저항체, 열전대, 전압, 전류 입력 시 센서 입력사항을 구분하기 위하여 센서를 개방하여 내부에 딥을 이용하여 입력사항 설정을 하여야 한다.
※ 수험자가 4-5, 4-6 중 사용 접점을 명확하게 이해하지 못한 경우에는 반드시 감독에게 질의하여 명확하게 한 후 작업한다.

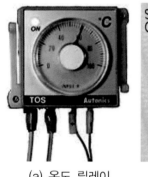
(a) 온도 릴레이

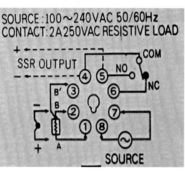
(b) 정역동작 내부 결선도

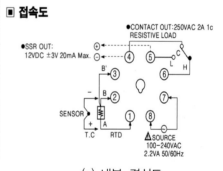
(c) 내부 결선도

[그림 1-53] 온도 릴레이의 구조 및 내부 회로

♠ 온도센서 입력 요령:
　　○ RTD 온도센서(백금측온식)는 3선식으로 공급되므로 ①②③번 단자에 연결
　　○ TC(열전대)는 2선식으로 공급되므로 ①②번 단자에 연결(극성 고려)

♠ 정·역 동작:
　역동작은 지시치가 설정치보다 낮을 때는 출력을 ON 하는 동작을 말하며, 가열 시에는 역동작으로써 사용한다. 정동작은 이것과는 반대로 동작을 행하며 냉각의 경우에 사용한다.
　본 제품은 역동작으로 동작한다. 즉 설정치보다 측정값(현재값)이 낮을 때는 NO 접점 즉, LOW 접점(4번, 5번 사이)이 폐로된다. 사용 예로는 사우나장은 4번 . 5번 접점을 사용한다. (이해하자 LOW 접점은 현재 온도가 낮을 때 폐로되어 온도를 높이고자 할 때, HIGH 접점은 현재 온도가 높아 폐로되어 온도를 낮게 하고자 할 때 사용)

○ 온도센서의 종류

① 열전대(Thermocouple, T/C) 온도센서

- 원리 : 서로 다른 두 금속 사이에서 발생하는 전위차를 이용(seebeck 효과를 이용)

- 표기 : 두 단자의 인출 단자가 (+),(-)로 표시되어 있음

- 종류 : 두 금속의 종류에 따라 T/C-K, T/C-T, T/C-J, T/C-E, T/C-S, T/C-R,T/C-N

② 저항식 온도센서(Resistance Temperature Detectors, RTD)

- 원리: 온도가 변함에 따라 저항 수치가 변하는 저항을 포함한 온도센서

- 특징: 열전대와 달리 정확도 및 반복성 그리고 안정성이 인정된 제품으로 가격이 비싸다.

- 표기: A,B (2선식), A,B,B'(3선식, 온도보상선 있는 것)

- 종류: PT100 또는 PT1000, 2선식과 온도보상선이 있는 3선식이 있다.

○ 온도 릴레이의 동작 특성 및 회로 검사 요령

		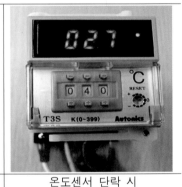
온도센서를 정상 연결 시	온도센서 개방 시	온도센서 단락 시
현재 온도가 설정온도 이하 시 NC(H) 개로, NO(L) 폐로 현재 온도가 설정온도 이상 시 NC(H) 폐로, NO(L) 개로	현재 온도는 약 843도로 인식 설정온도 40도라면 NC(H) 폐로, NO(L) 개로	현재 온도를 약 27도로 인식 설정온도 40도라면 NC(H) 개로, NO(L) 폐로
동작 검사 요령 (설정값을 일정하게 하고)		
온도 릴레이의 설정값을 40도(27 도 이상)로 고정하고 센서단자를 개방. 단락	온도센서 개방 시	온도센서 단락 시
	현재 온도는 약 843도로 인식 NC(H,④-⑥) 폐로 NO(L,④-⑤) 개로	현재 온도를 약 27도로 인식 NC(H,④-⑥) 개로 NO(L,④-⑤) 폐로

동작 검사 요령 (센서단자를 합선하고)		
센서단자를 합선(Short) 후 온도 릴레이의 설정값을 20도, 40도로 변화	설정온도 20도(27도 이하) NC(H,④-⑥) 폐로 NO(L,④-⑤) 개로	설정온도 40도(27도 이상) NC(H,④-⑥) 개로 NO(L,④-⑤) 폐로
ON LED에 점등이 안 되면 NC(H,④-⑥) 폐로, NO(L,④-⑤) 개로되면 반대로 됨		

---

7 ┌ 구동용 기기

　구동용 기기란 제어계의 명령 처리부에서 명령에 따라 기계 본체를 제어 목적에 맞게 동작
시키기 위한 것으로, 명령에 따리 운전할 수 있도록 중게 역힐을 하는 세어 기기를 말한나.
구동용 기기는 동작시키는 동력원의 종류에 따라 전기식, 공압식, 유압식 등으로 세 종류가
있다.

가. 전자접촉기(Electromaganetic Contactor)

　전자접촉기란 전자석의 동작에 의하여 부하 회로를 빈번하게 개폐하는 접촉기를 말하며,
일명 플런저형 전자 계전기라 한다. 접점에는 주 접점과 보조 접점이 있으며, 주 접점은 전동
기를 기동하는 접점으로 접점이 용량이 크고 a접점만으로 구성되어 있다. 보조 접점은 보조계
전기와 같이 작은 전류 및 제어 회로에 사용하며, a접점과 b접점으로 구성되어 있다.

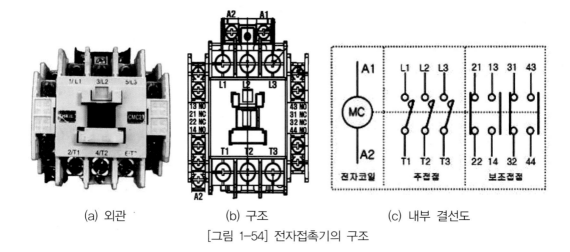

(a) 외관   (b) 구조   (c) 내부 결선도

[그림 1-54] 전자접촉기의 구조

① 용도: 주 회로의 개폐용으로서 큰 접점 용량(주접점)이나 내압을 가진 릴레이를 말한다.
'모터를 기동, 정지시키는 스위치 역할'

② 구성: 주접점·보조접점과 전원부로 구성. 즉, 접점과 이를 동작시키는 전원부로 구성되어 있음

③ 주의: 마그네트의 주접점의 정격용량(허용전류)의 크기에 의하여 크기나 가격이 결정된다. 이는 마그네트에 의하여 동작을 제어하고자 하는 부하(전동기등)의 용량(부하전류)에 견딜 수 있는 용량 이상으로 선정하여야 한다.

[그림 1-55] 전자접촉기의 사용 예

나. 파워 릴레이(POWER RELAY)

① 용도: 주 회로의 개폐용으로서 큰 접점 용량(주접점)이나 내압을 가진 릴레이로 전자접촉기와 같으나 현장에서는 거의 사용하지 않고 전기기능사, 전기기능장 등의 시험용으로 주로 사용한다.

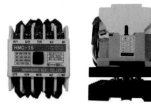

[그림 1-56] 파워 릴레이

② 종류: 12핀과 20핀, 두 가지 타입이 있음

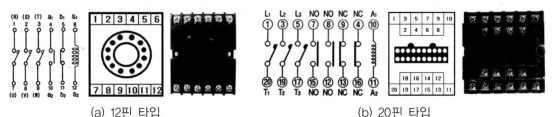

(a) 12핀 타입   (b) 20핀 타입

[그림 1-57] 파워 릴레이(12P, 20P) 내부 결선도

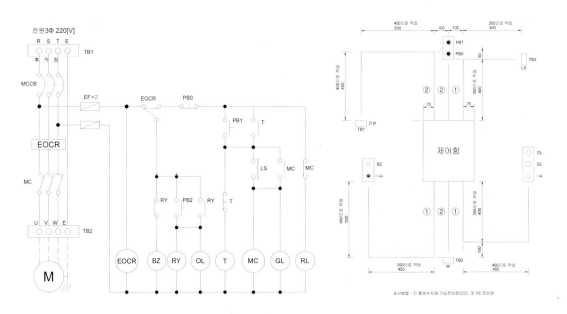

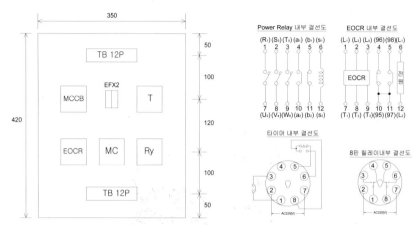

[그림 1-58] POWER RELAY 전기기능사 사용예

다. 열동형 과전류 계전기(THR: Thermal Heater Relay)

열동형 과전류계전기는 설정값 이상의 전류가 흐르면 접점 동작을 차단시키는 계전기로서 전동기의 과부하 보호에 사용된다. 주회로에 삽입된 히터에 과전류가 흐르면 열에 의해 바이메탈이 휘어지는 원리를 이용하여 회로를 차단하여 전동기의 소손을 방지하는 계전기이다. 열 전달 방식에 따라 직렬식, 반간접식, 병렬식으로 분류된다.

① 용도: 과부하 시 회로를 차단하여 부하나 제어용 기계 기구를 보호한다.

② 구성: 주 회로 연결단자, 보조 접점(NO, NC)과 조작부(전류 조정 다이얼(부하정격전류의 100%~125% 설정), 수동/자동 리셋 장치 및 트립 표시 장치)로 구성됨

③ 주의: 검출부에서 과전류가 검출 시 바이메탈의 원리에 의하여 보조 접점이 동작하고 복귀는 수동(복귀 단추를 눌렀다가 놓음)으로 복귀하여야 한다.

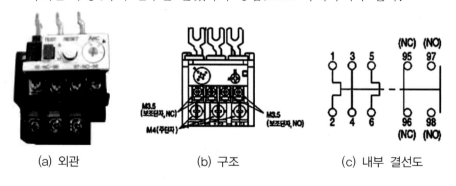

(a) 외관   (b) 구조   (c) 내부 결선도

[그림 1-59] 열동형 과전류 계전기

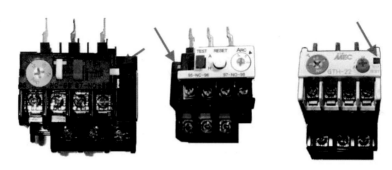

[그림 1-60] 열동형 과전류 계전기 트립 표시 장치

라. 전자개폐기(Electromaganetic Switch)

전자개폐기는 전자접촉기에 전동기의 보호 장치인 열동형 과전류 계전기를 조합한 주 회로용 개폐기이다. 전자개폐기는 전동기 회로를 개폐하는 것을 목적으로 사용되며, 정격 전류 이상의 과전류가 흐르면 자동으로 차단하여 전동기를 보호할 수 있다.

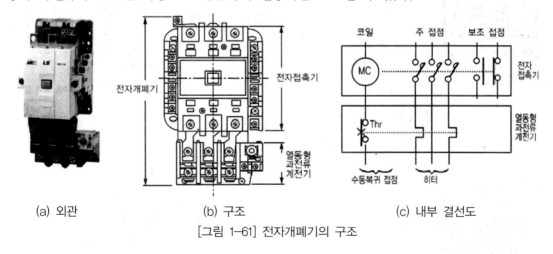

(a) 외관   (b) 구조   (c) 내부 결선도

[그림 1-61] 전자개폐기의 구조

마. 전자식 과전류 계전기(EOCR: Electronic Over Current Relay)

전자식 과전류 계전기는 열동식 과전류 계전기에 비해 동작이 확실하고, 과전류에 의한 결상 및 단상 운전이 완벽하게 방지된다. 전류 조정 노브(Knob)와 램프에 의해 실제 부하 전류의 확인과 전류의 정밀 조정이 가능하고 지연 시간과 동작 시간이 서로 독립되어 있으므로 동작

시간의 선택에 따라 완벽한 보호가 가능하다.

테스트(Test) 기능이 내장되어 있어 동작 시험과 회로 시험이 가능하고 전기 회로에 콘덴서 드롭(Condenser Drop) 방식을 채택하여 전력 소모가 적다. 변류기(CT) 관통식으로 관통 횟수를 가감하여 사용 범위를 확대할 수 있고 신호 출력 회로가 내장되어 있으므로 촌동 및 파동 부하에도 오동작이 없다. 또한 온도 보상 회로가 내장되어 있으므로 안전하다.

① 용도: 과부하 시 회로를 차단하여 부하나 제어용 기계기구를 보호한다.

② 구성: 주 회로 연결단자, 보조 접점(NO.NC)과 조작부(설정값, 동작시간 조정단자 리셋 장치 및 트립 표시 장치)로 구성되어 있다.

③ 주의: 검출부에서 과전류 검출 시 보조 접점이 동작하고 복귀는 수동으로 복귀하여야 한다.

④ 참고: 베이스식에서는 베이스의 종류를 구분하여 사용한다.

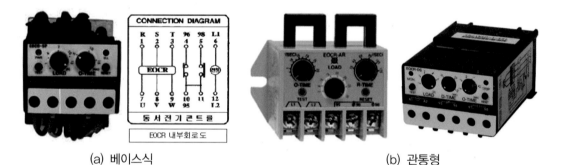

(a) 베이스식   (b) 관통형

[그림 1-62] EOCR의 구조 및 결선도

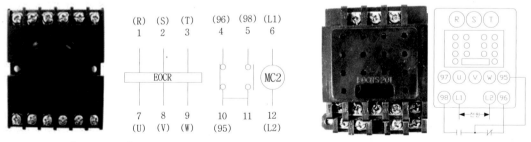

[그림 1-63] EOCR의 구조 및 결선도(전기기능사, 승강기기능사용 베이스)

제2장
기본 논리회로

자동제어를 이해하기 위한 기본 논리회로에 대하여 살펴보고 논리회로를 통한 시퀀스 제어회로의 간략화 등을 구현할 수 있다.

1. 논리회로의 개요
2. 기본 논리회로 이해하기
3. 기본 논리회로 변환하기

1 ┤ 논리회로의 개요

불 대수(Boolean algebra)는 1854년에 영국의 수학자 불(George Boolean)에 의하여 창안되었다. 일반 대수학과는 달리 수치의 연산을 하기 위한 것이 아니고, 논리적인 연산을 하기 위한 대수학이므로 이를 논리 대수 또는 논리 수학이라 한다. 불 대수를 스위칭 회로 (switching circuit)에 적용하면 시퀀스 제어의 회로 해석이나 합성, 그리고 회로 소자의 최소화가 편리하게 되어 불 대수라 하며 2가지 논리를 적용하였다.

가. 불 대수

불 대수에서 변수(variable)는 아래 표와 같이 두 가지 상태를 취급하는 것으로 "1"과 "0"이 사용된다. 즉, 2값 신호 또는 물리 현상에서 가장 명확하게 만들어낸 상태는 전압의 유·무 또는 고·저, 전류가 흐른다·흐르지 않는다, 스위치의 개·폐, 펄스의 유·무 등과 같은 두 가지의 상태이다. 이와 같은 두 가지의 상태를 기초로 하는 논리 체계를 2값 논리(Binary Logic), 또는 2진 변수(Binary Variable)라고 하며, 2가지의 상태를 참(True) 또는 거짓(False)이라고 하고, 두 가지 상태를 '1'과 '0'으로 취급하여 표시한다.

불 대수의 변수		
구분	1	0
2개의 신호값	있다	없다.
전 등	점등	소등
접점의 개폐	폐로	개로
접점	A접점(PB)	B접점($\overline{PB}$)
전자 코일	여자	소자

나. 기본적인 불 대수식 : (AND), (OR), (NOT)의 불연산자를 이용하여 논리식으로 표현

○ AND는 곱셈(•)의 형식, OR은 덧셈(+)의 형식, NOT는 $\overline{X}$ (-)로 표현한다.
○ 논리식= 입력 항목들의 상태에 따라 출력을 결정하는 식
○ 예시) X= 0 AND Y=1 일 때 출력 F=1이 될 때의 논리식 : $F=\overline{X} \cdot Y$

$\qquad$ X= 0 OR Y=1 일 때 출력 F=1이 될 때의 논리식 : $F=\overline{X}+Y$

$\qquad$ (X= 0 AND Y=1) OR (X= 1 AND Y=0) 일 때 출력 F=1이 될 때의

$\qquad$ 논리식 : $F=\overline{X} \cdot Y+X \cdot \overline{Y}$

○ 기본 논리식의 표현(1입력 논리식, 2입력 논리식, 3입력 논리식)

① 1입력 논리식

입력	출력	시퀀스 회로
X	F	F
0	$F=\overline{X}$	
1	$F=X$	

② 2입력 논리식

입력		출력	시퀀스 회로
X	Y	F	F
0	0	$F=\overline{X} \cdot \overline{Y}$	
0	1	$F=\overline{X} \cdot Y$	
1	0	$F=X \cdot \overline{Y}$	
1	1	$F=X \cdot Y$	

③ 3입력 논리식

입력			출력	시퀀스 회로
X	Y	Z	F	F
0	0	0	$F = \overline{X} \cdot \overline{Y} \cdot \overline{Z}$	
0	0	1	$F = \overline{X} \cdot \overline{Y} \cdot Z$	
0	1	0	$F = \overline{X} \cdot Y \cdot \overline{Z}$	
0	1	1	$F = \overline{X} \cdot Y \cdot Z$	
1	0	0	$F = X \cdot \overline{Y} \cdot \overline{Z}$	
1	0	1	$F = X \cdot \overline{Y} \cdot Z$	
1	1	0	$F = X \cdot Y \cdot \overline{Z}$	
1	1	1	$F = X \cdot Y \cdot Z$	

다. 불 대수의 기본 법칙

불 대수에서 변수(variable)는 아래 표와 같이 두 가지 상태를 취급하는 것으로 '1'과 '0'이 사용된다.

기본 법칙	시퀀스 회로	비고
① $X + 0 = 0 + X = X$		항등법칙
② $X \cdot 1 = 1 \cdot X = X$		항등법칙
③ $X + 1 = 1 + X = 1$		항등법칙
④ $X \cdot 0 = 0 \cdot X = 0$		항등법칙

논리식	시퀀스 회로	법칙
⑤ $X + X = X$		동일법칙
⑥ $X \cdot X = X$		동일법칙
⑦ $X + \overline{X} = 1$		보수법칙
⑧ $X \cdot \overline{X} = 0$		보수법칙
⑨ $\overline{\overline{X}} = X$	2중 NOT는 긍정이다.	이중부정 법칙

라. 불 대수의 각종 법칙

1) 불 대수의 각종 법칙

각종 법칙	논리식	시퀀스 회로	
교환법칙	$X + Y = Y + X$		
	$X \cdot Y = Y \cdot X$		
결합법칙	$(X + Y) + Z = X + (Y + Z)$		
	$(X \cdot Y) \cdot Z = X \cdot (Y \cdot Z)$		
분배법칙	$X \cdot (Y + Z) = X \cdot Y + X \cdot Z$		
	$X + Y \cdot Z = (X + Y) \cdot (X + Z)$		
드모르간 의 정리	$\overline{X + Y} = \overline{X} \cdot \overline{Y}$		
	$\overline{X \cdot Y} = \overline{X} + \overline{Y}$		

흡수법칙	$X + X \cdot Y = X$		
	$X \cdot (X + Y) = X$		

2) 불 대수의 정리 설명

① $A + A \cdot B = A$ 식) $A + A \cdot B = A \cdot 1 + A \cdot B = A \cdot (1 + B) = A$

② $A \cdot (A + B) = A$ 식) $A \cdot (A + B) = A \cdot A + A \cdot B = A + A \cdot B$에서 식①과 같다.

③ $(A + B) \cdot (A + C) = A + B \cdot C$

$$식) \ (A + B) \cdot (A + C) = A \cdot A + A \cdot C + B \cdot A + B \cdot C$$
$$= (A \cdot A + A \cdot C) + A \cdot B + B \cdot C(A) + A \cdot B + B \cdot C$$
$$= A(1 + B) + B \cdot C = A + B \cdot C$$

④ $(A + \overline{B}) \cdot B = A \cdot B$ 식) $(A + \overline{B}) \cdot B = A \cdot B + \overline{B} \cdot B = A \cdot B + 0$

⑤ $A \cdot \overline{B} + B = A + B$ 식) $A \cdot \overline{B} + B = A \cdot \overline{B} + B(1 + A) = A \cdot \overline{B} + B + B \cdot A$
$$= A \cdot \overline{B} + A \cdot B + B = (A \cdot \overline{B} + A \cdot B) + B = A + B$$

⑥ $A + \overline{A} \cdot B = A + B$ 식) $(A + \overline{A}) \cdot (A + B) = 1 \cdot (A + B) = A + B$

3) 드모르간 정리

드모르간 정리는 임의의 논리식의 보수를 구할 때 다음 순서에 따라 정리하면 된다.

(AND ⇔ OR), (• ⇔ +), (1 ⇔ 0)

예) ○ $\overline{A + B} = \overline{A} \cdot \overline{B}$ ○ $\overline{A \cdot B} = \overline{A} + \overline{B}$ ○ $A + B = \overline{\overline{A + B}} = \overline{\overline{A} \cdot \overline{B}}$

4) 진리표로부터 최소항식을 표현하고 식을 간소화

입력		출력		시퀀스 회로		
X	Y	F(가로AND, 세로OR)		F		
0	0	0				
0	1	1	$F = \overline{X} \cdot Y$			
1	0	1	$F = X \cdot \overline{Y}$			
1	1	1	$F = X \cdot Y$			

위의 입력에 따른 출력의 조건은

$(X=0 \ \text{AND} \ Y=1) \ \text{OR} \ (X=1 \ \text{AND} \ Y=0) \ \text{OR} \ (X=1 \ \text{AND} \ Y=1)$ 일 때, F=1이다.

또는 $(\overline{X}=1 \ \text{AND} \ Y=1) \ \text{OR} \ (X=1 \ \text{AND} \ \overline{Y}=0) \ \text{OR} \ (X=1 \ \text{AND} \ Y=1)$ 일 때, F=1이다.

또는 $(\overline{X} \cdot Y) \ \text{OR} \ (X \cdot \overline{Y}) \ \text{OR} \ (X \cdot Y)$ 일 때, F=1이다

$$\Rightarrow F = \overline{X} \cdot Y + X \cdot \overline{Y} + X \cdot Y$$

$$F = \overline{X} \cdot Y + X \cdot Y + X \cdot \overline{Y} + X \cdot Y = (\overline{X} + X) \cdot Y + X \cdot (\overline{Y} + Y) = Y + X = X + Y$$

마. 카르노도 맵

카르노도 맵은 논리식에 대응하는 도표를 만들어서 식을 간단하게 만드는 방법으로 4개 변수까지 많이 이용되고 있다. 이 맵은 여러 개의 네모로 구성되어 있고, 이 작은 네모들은 각기 하나의 민터엄(Minterm, 모든 변수의 곱의 최소항)을 나타낸다. 여기서 민터엄은 2진 변수, 즉 $x(1)$와 $\overline{x}(0)$으로 나타낸다.

1) 3변수 카르노프 맵의 작성

카르노 맵의 개념

카르노 맵(Karnaugh map)은 진리표를 그림으로 표현한 것으로 2^n(1, 2, 4, 8, 16 등)개의 사각형으로 이루어지며, 진리표에서 출력이 '1'인 값에 해당하는 입력에 대하여 표에 '1'을 표시한 다음, 가로 또는 세로로 인접한 '1'을 2^n(1, 2, 4, 8, 16 등)개씩 묶어서(중복해서 묶어도 되며 가능한 크게 묶음) 논리식으로 단순화한다.

입력 변수는 1, 2로 배열하며 변수는 1개만 변화되게 배열한다.
입력 변수 한 개 (0,1) 또는 (1,0)
입력 변수 두 개 (00,01,11,10) 또는 (00,10,11,01) 또는 (11,10,00,01) 등
일반적으로 한 개는 (0,1), 두 개는 (00,01,11,10)로 배열한다.

카르노맵을 이용한 간략화 방법(묶는 방법)
1. (1,2,4,8,16)개로 그룹을 지어 묶는다(가능한 크게 묶는다, 그룹에 중복되어도 됨)
2. 바로 이웃해 있는 항들끼리 묶는다(양쪽 끝, 상하도 이웃 항이다).
3. 반드시 직사각형이나 정사각형의 형태로 묶는다.
4. 생략된 민텀을 찾아서 간략화 $F = ABC + \overline{A}B + \overline{A}\,\overline{B} = ABC + \overline{A}B(C + \overline{C}) + \overline{A}\,\overline{B}(C + \overline{C})$ $= ABC + \overline{A}BC + \overline{A}B\overline{C} + \overline{A}\,\overline{B}C + \overline{A}\,\overline{B}\,\overline{C} = 111 + 011 + 010 + 001 + 000$

(1) 예제를 통한 카르노맵 사용법 익히기

진리표				
입력			출력	출력
A	B	C	Y	Y
0	0	0	0	
0	0	1	1	$Y = \overline{A} \cdot \overline{B} \cdot C$
0	1	0	0	
0	1	1	0	
1	0	0	1	$Y = A \cdot \overline{B} \cdot \overline{C}$
1	0	1	1	$Y = A \cdot \overline{B} \cdot C$
1	1	0	1	$Y = A \cdot B \cdot \overline{C}$
1	1	1	1	$Y = A \cdot B \cdot C$
0.0.0.0.1.1.1.1 의 반복	0.0.1.1 의 반복	0.1 의 반복		

진리표에 의한 출력의 논리식은

$$Y = (\overline{A} \cdot \overline{B} \cdot C) + (A \cdot \overline{B} \cdot \overline{C}) + (A \cdot \overline{B} \cdot C) + (A \cdot B \cdot \overline{C}) + (A \cdot B \cdot C)$$

이다. 이를 5단계의 카르노맵을 사용하여 간략화한다.

[1단계]

　변수의 개수에 적합한 카르노 맵을 그린다. 이때 가로축과 세로축에 변수의 값을 배열할 때는 동시에 두 개의 값이 변하지 않도록 배열한다.

　변수를 파악하고 2^n개의 사각형을 그린다.

2변수(4개)

A \ B		$\overline{B}$	B
A		0	1
$\overline{A}$	0		
A	1		

3변수(8개)

A \ BC		$\overline{B} \cdot \overline{C}$	$\overline{B} \cdot C$	$B \cdot C$	$B \cdot \overline{C}$
A		00	01	11	10
$\overline{A}$	0				
A	1				

4변수(16개)

AB \ CD		$\overline{C} \cdot \overline{D}$	$\overline{C} \cdot D$	$C \cdot D$	$C \cdot \overline{D}$
AB		00	01	11	10
$\overline{A} \cdot \overline{B}$	00				
$\overline{A} \cdot B$	01				
$A \cdot B$	11				
$A \cdot \overline{B}$	10				

[2단계]

진리표에서 출력(Y)이 '1'인 경우의 입력 값에 해당되는 칸에 '1'을 표시한다.

A \ BC		$\overline{B} \cdot \overline{C}$	$\overline{B} \cdot C$	$B \cdot C$	$B \cdot \overline{C}$
A		00	01	11	10
$\overline{A}$	0		1		
A	1	1	1	1	1

[3단계]

가로 또는 세로로 이웃한 1을 2^n(2, 4, 8, 16...)개가 되도록 묶는다(가급적 큰 수로 묶는 것이 바람직). 이때 묶음의 크기가 가능한 최대가 되게 묶는다(동일한 1이 묶이는 데 여러 번 사용될 수도 있다).

A \ BC		$\overline{B} \cdot \overline{C}$	$\overline{B} \cdot C$	$B \cdot C$	$B \cdot \overline{C}$
A		00	01	11	10
$\overline{A}$	0		1		
A	1	1	1	1	1

[4단계]

묶음 안에서 값의 변화가 없는 동일한 변수만 선택하여 기록한다. 즉 $0 \rightarrow 1$, $1 \rightarrow 0$으로 변화되는 변수는 버린다.

①은 A가 0에서 1로 변화되고, B는 0, C는 1로 변화가 없으므로 $\overline{B} \cdot C$가 된다.

②는 B, C가 변화되고, A는 1로 변화가 없으므로 A가 된다.

[5단계]

묶인 항을 논리곱에 대한 논리합으로 표현한다.

Y는 ① 또는 ②이므로 Y= $\overline{B} \cdot C$ + A가 된다.

[결과]

$$Y = (\overline{A} \cdot \overline{B} \cdot C) + (A \cdot \overline{B} \cdot \overline{C}) + (A \cdot \overline{B} \cdot C) + (A \cdot B \cdot \overline{C}) + (A \cdot B \cdot C)$$

를 간략화하면

$$Y = A + (\overline{B} \cdot C)$$로 표현된다.

(2) 3변수 카르노프 맵의 예제

아래의 진리표와 카르노도 맵을 이용하여 출력을 간략화한다.

경우의 수 $2^n = 2^3 = 8$ 진리표를 먼저 작성한다.

① 요령 0과 1을 2^n개씩 즉 1, 2, 4, …씩(0, 1. 0, 0, 1. 1. 0, 0, 0, 0, 1, 1, 1, 1. ,,,) A.B.C 변수의 경우를 기입하고 출력 Y가 1이 되는 곳을 찾아 써 넣는다. 나머지 빈칸은 모두 0으로 써 넣는다.

② 카르노프 맵의 변수를 아래처럼 작성하고 진리표와 같은 출력에 1를 써넣고 나머지는 0은 일반적으로 생략한다.

③ 옥텟(8) → 쿼드(4) → 페어(2)의 순으로 큰 루프로 묶어 간단화한다.

A	B	C	Y
0	0	0	0
0	0	1	0
0	1	0	1
0	1	1	1
1	0	0	0
1	0	1	0
1	1	0	1
1	1	1	1

AB \ C	0	1
00	0	0
01	1	1
11	1	1
10	0	0

[표 진리표]　　　　　　　　　[표 카르노도 맵]

답)_____

바. 카르노맵을 이용한 간략화 예제

1) 2변수 카르노프 맵

A \ B	$\overline{B}$ 0	B 1
$\overline{A}$ 0	1	1
A 1		

A \ B	$\overline{B}$ 0	B 1
$\overline{A}$ 0	1	1
A 1	1	

(F=　　　　　　　　　)　　(F=　　　　　　　　　)

2) 3변수 카르노프 맵

A \ BC	$\overline{B}\cdot\overline{C}$ 00	$\overline{B}\cdot C$ 01	$B\cdot C$ 11	$B\cdot\overline{C}$ 10
$\overline{A}$ 0	1	1		
A 1			1	1

A \ BC	$\overline{B}\cdot\overline{C}$ 00	$\overline{B}\cdot C$ 01	$B\cdot C$ 11	$B\cdot\overline{C}$ 10
$\overline{A}$ 0	1			1
A 1				

(F=　　　　　　　　　)　(F=　　　　　　　　　)

	BC	$\overline{B} \cdot \overline{C}$	$\overline{B} \cdot C$	$B \cdot C$	$B \cdot \overline{C}$
A		00	01	11	10
$\overline{A}$	0		1	1	
A	1		1	1	

(F=   )

	BC	$\overline{B} \cdot \overline{C}$	$\overline{B} \cdot C$	$B \cdot C$	$B \cdot \overline{C}$
A		00	01	11	10
$\overline{A}$	0	1	1	1	1
A	1				

(F=   )

	BC	$\overline{B} \cdot \overline{C}$	$\overline{B} \cdot C$	$B \cdot C$	$B \cdot \overline{C}$
A		00	01	11	10
$\overline{A}$	0	1			1
A	1	1			1

(F=   )

	BC	$\overline{B} \cdot \overline{C}$	$\overline{B} \cdot C$	$B \cdot C$	$B \cdot \overline{C}$
A		00	01	11	10
$\overline{A}$	0	1	1	1	1
A	1	1			1

(F=   )

예제) $F = ABC + \overline{A}B + \overline{A}\,\overline{B}$ 를 간략화 하시오.

풀이) 생략된 민터엄을 삽입한다.

$$F = ABC + \overline{A}B + \overline{A}\,\overline{B} = ABC + \overline{A}B(C + \overline{C}) + \overline{A}\,\overline{B}(C + \overline{C})$$

$$F = ABC + \overline{A}BC + \overline{A}B\overline{C} + \overline{A}\,\overline{B}C + \overline{A}\,\overline{B}\,\overline{C}$$

$$= 111 \quad +011 \quad +010 \quad +001 \quad +000$$

	BC	$\overline{B} \cdot \overline{C}$	$\overline{B} \cdot C$	$B \cdot C$	$B \cdot \overline{C}$
A		00	01	11	10
$\overline{A}$	0	1	1	1	1
A	1			1	

(F=   )

3) 4변수 카르노프 맵

	CD	$\overline{C} \cdot \overline{D}$	$\overline{C} \cdot D$	$C \cdot D$	$C \cdot \overline{D}$
AB		00	01	11	10
$\overline{A} \cdot \overline{B}$	00	1			
$\overline{A} \cdot B$	01	1		1	1
$A \cdot B$	11	1		1	1
$A \cdot \overline{B}$	10	1			

(F=   )

	CD	$\overline{C} \cdot \overline{D}$	$\overline{C} \cdot D$	$C \cdot D$	$C \cdot \overline{D}$
AB		00	01	11	10
$\overline{A} \cdot \overline{B}$	00	1	1	1	1
$\overline{A} \cdot B$	01	1			1
$A \cdot B$	11	1			1
$A \cdot \overline{B}$	10	1	1	1	1

(F=   )

2 기본 논리회로 이해하기

가. AND 회로

입력 접점 A, B가 모두 ON되어야 출력이 ON되고, 그중 어느 하나라도 OFF되면 출력이 OFF되는 회로.

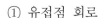

① 유접점 회로	② 진리표			③ 논리식 $F = A \cdot B$	④ logic 회로

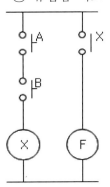

A	B	F
0	0	0
0	1	0
1	0	0
1	1	1

나. OR 회로

입력 접점 A, B 중 어느 하나라도 ON되면 출력이 ON되고, A,B 모두가 OFF되어야 출력이 OFF되는 회로.

① 유접점 회로	② 진리표	③ 논리식 $F = A + B$	④ logic 회로

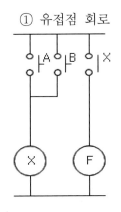

A	B	F
0	0	0
0	1	1
1	0	1
1	1	1

해석 1) $F = \overline{A} \cdot B + A \cdot \overline{B} + A \cdot B$: 동작 경우의 수가 3개임

$\qquad = \overline{A} \cdot B + A \cdot \overline{B} + A \cdot B + A \cdot B$: 3번째 것을 한 번 더 적어둠

$\qquad = \overline{A} \cdot B + A + B + A \cdot \overline{B} + A \cdot B$: 2,3번째를 바꾸고 분배법칙 적용

$\qquad = (\overline{A} + A) \cdot B + A \cdot (\overline{B} + B)$

$\qquad = B + A$

해석 2) $F = \overline{A} \cdot B + A \cdot \overline{B} + A \cdot B$: 카르노도 맵 적용

B\A	$\overline{A}$	A
	0	1
$\overline{B}$ 0		1
B 1	1	1

에서 $X = A + B$

다. NOT 회로

입력이 ON되면 출력이 OFF되고 , 입력이 OFF되면 출력이 ON되는 회로

① 유접점 회로   ② 진리표   ③ 논리식   ④ logic 회로

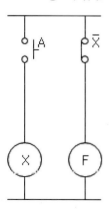

A	F
0	1
1	0

$F = \overline{A}$

소자에 붙여서
사용시 : "○"

라. NAND 회로 (AND + NOT)

AND 회로의 부정 회로로 입력 접점 A, B 모두가 ON되어야 출력이 OFF되고, 그중 어느 하나라도 OFF되면 출력이 ON되는 회로

① 유접점 회로	② 진리표	③ 논리식	④ logic 회로

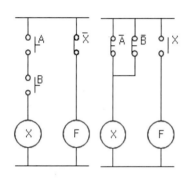

A	B	F
0	0	1
0	1	1
1	0	1
1	1	0

$$F = \overline{A \cdot B}$$

$$= \overline{A} + \overline{B}$$

(드모르간정리)

해석 1)

$$F = \overline{A} \cdot \overline{B} + \overline{A} \cdot B + A \cdot \overline{B}$$: 동작 경우의 수가 3개임

$$= (\overline{A} \cdot \overline{B} + \overline{A} \cdot \overline{B}) + \overline{A} \cdot B + A \cdot \overline{B}$$: 1번째 것을 한 번 더 적어둠

$$= \overline{A} \cdot \overline{B} + \overline{A} \cdot B + \overline{A} \cdot \overline{B} + A \cdot \overline{B}$$: 2, 3번째를 바꾸고 분배법칙 적용

$$= \overline{A} \cdot (\overline{B} + B) + (\overline{A} + A) \cdot \overline{B} = \overline{A} + \overline{B}$$

$$= \overline{\overline{\overline{A} + \overline{B}}} = \overline{\overline{\overline{A}} \cdot \overline{\overline{B}}} = \overline{A \cdot B}$$: 드모르간 정리 적용

해석 2)

$$F = \overline{A} \cdot \overline{B} + \overline{A} \cdot B + A \cdot \overline{B}$$: 카르노도 맵 적용

	A $\overline{A}$	A
B	0	1
$\overline{B}$ 0	1	1
B 1	1	

에서 $F = \overline{A} + \overline{B}$

마. NOR 회로 (OR + NOT)

OR 회로의 부정 회로로 입력 접점 A, B 중 어느 하나라도 ON 되면 출력이 OFF 되고, 입력 접점 A,B 전부가 OFF 되면 출력이 ON 되는 회로

① 유접점 회로	② 진리표	③ 논리식	④ logic 회로

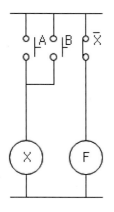

A	B	F
0	0	1
0	1	0
1	0	0
1	1	0

$$X = \overline{A+B}$$

$$= \overline{A} \cdot \overline{B}$$

(드모르간정리)

바. XOR - Exclusive OR 회로(배타 OR 회로, 반일치 회로): 홀수 회로(기수 회로)

입력 접점 A, B 중 어느 하나만 ON될 때 출력이 ON 상태가 되는 회로

① 유접점 회로	② 진리표	③ 논리식	④ logic 회로

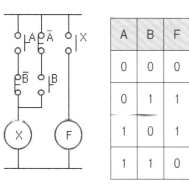

A	B	F
0	0	0
0	1	1
1	0	1
1	1	0

$$X = A \cdot \overline{B} + \overline{A} \cdot B$$
$$= \overline{AB}(A+B)$$
$$= A \oplus B$$

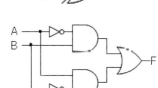

사. XNOR - Exclusive NOR(배타 NOR 회로, 일치 회로) : 짝수회로(우수 회로)

입력 접점 A, B 모두가 ON되거나 모두 OFF될 때 출력이 ON 상태가 되는 회로

① 유접점 회로   ② 진리표   ③ 논리식   ④ logic 회로

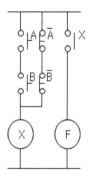

A	B	F
0	0	1
0	1	0
1	0	0
1	1	1

$$X = A \cdot B + \overline{A} \cdot \overline{B}$$
$$= A \odot B$$

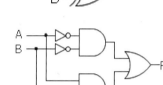

---

3 기본 논리회로 변환하기

가. 논리소자 변경 : 드모르간 정리

1) AND + NOT -> NOT + OR

$$\overline{A \cdot B} \qquad\qquad\qquad\qquad \overline{A} + \overline{B}$$

2) OR + NOT -> NOT + AND

$$\overline{A + B} \qquad\qquad\qquad\qquad \overline{A} \cdot \overline{B}$$

나. 유접점회로를 무접점회로(논리회로)로 변환 : 논리회로를 논리식으로 표현시 출력에서 부터

1) 정지 우선 회로의 논리(logic) 회로

PB1(기동)과 PB2(정지)를 동시에 누르면 정지가 되는 회로

① 유접점 회로

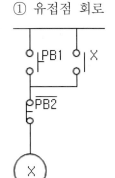

② 논리식

$$X = (PB_1 + X) \cdot \overline{PB_2}$$

③ logic 회로

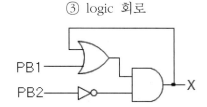

2) 2입력 인터록 회로의 논리(logic) 회로

PB1(기동)과 PB2(기동)를 동시에 누르면 조금이라도 먼저 누른 회로(선행 우선)가 동작하고 나중 회로는 동작하지 않음

① 유접점 회로

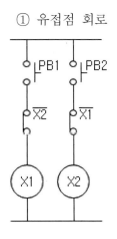

② 논리식

$$X_1 = (PB_1 \cdot \overline{X_2})$$
$$X_2 = (PB_2 \cdot \overline{X_1})$$

③ logic 회로

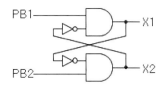

다. 논리식을 논리회로 변경 시 원하는 논리소자로 변경

1) $F = (\overline{A} + B) \cdot C = \overline{A} \cdot C + B \cdot C = \overline{\overline{(\overline{A} \cdot C)} + (B \cdot C)} = \overline{(\overline{\overline{A} \cdot C})} \cdot \overline{(\overline{B \cdot C})}$

: 논리식을 논리회로로 변경 시 NOT과 NAND 소자로만 구성하세요

2) $F = (\overline{A} \cdot B) + C = \overline{\overline{(\overline{A} \cdot B)} + C} = \overline{(\overline{\overline{A} \cdot B})} \cdot \overline{(\overline{C})}$

: 논리식을 논리회로로 변경 시 NOT과 NAND 소자로만 구성하세요

제3장
전동기 제어회로

1 │ 유접점 기본 회로

가. 자기유지회로

전원이 투입된 상태에서 PB를 누르면 릴레이 X가 여자되고 X-a 접점이 닫히며, PB에서 손을 떼어도 릴레이 X의 여자 상태가 유지된다.

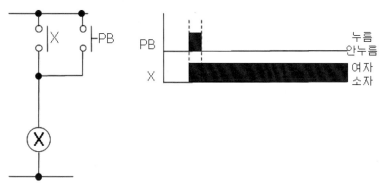

[그림 3-1] 자기유지회로

나. 정지우선회로

PB1을 ON하면 릴레이 X가 여자 되어 X의 a접점에 의해 자기 유지된다. PB2를 누르면 X가 소자되어 자기유지접점 X가 소자된다. PB1, PB2를 동시에 누르면 릴레이 X는 여자될 수 없는 회로로 정지우선회로라 한다.(둘 사이의 타임 차트의 표현 방법의 차이점을 이해하고 출제자의 의도를 정확하게 파악하고 답하자)

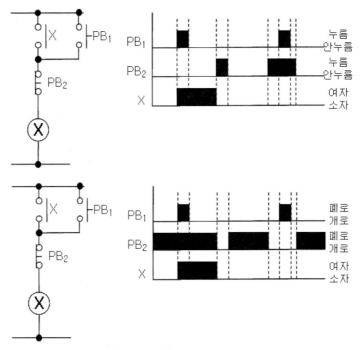

[그림 3-2] 정지우선회로

다. 기동우선회로

PB1을 ON하면 릴레이 X가 여자되어 X의 a접점에 의해 자기 유지된다. PB2를 누르면 X가 소자되어 자기유지접점 X가 소자된다. PB1, PB2를 동시에 누르면 릴레이 X는 여자되는 회로로 기동우선회로라 한다.

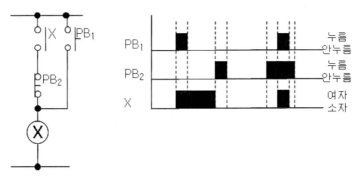

[그림 3-3] 기동우선회로

라. 인터록 회로(선행 우선 회로)

PB1과 PB2의 입력 중 PB1를 먼저 ON하면 MC1이 여자된다. MC1이 여자된 상태에서 PB2를 ON하여도 MC1-b 접점이 개로되어 있기 때문에 MC2는 여자되지 않은 상태가 되며, 또한 PB2를 먼저 ON하면 MC2가 여자된다. 이때 PB1을 ON하여도 MC2-b 접점이 개로되어 있기 때문에 MC1은 여자되지 않는 회로를 인터록 회로라 한다. 즉 상대 동작 금지회로이다.

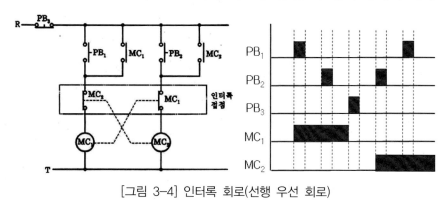

[그림 3-4] 인터록 회로(선행 우선 회로)

마. 인터록 회로(신입력 우선 회로, 후행 우선 회로)

항상 뒤에 주어진 입력(새로운 입력)이 우선되는 회로를 신입력 우선 회로라 한다. PB1을 ON하면 X1이 여자된 상태에서 PB3을 ON하면 X1이 소자되고 X3이 여자되며, X3이 여자된 상태에서 PB2를 ON하면 X3이 소자되고 X2가 여자되는 최후의 입력이 항상 우선이 되는 회로이다.

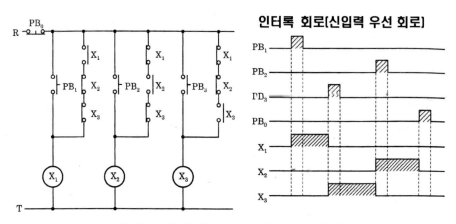

[그림 3-5] 인터록 회로(신입력 우선 회로)

바. 순차동작회로

전원측에 가장 가까운 회로가 우선순위가 가장 높고 전원측의 스위치에서 순차 조작을 하지 않으면 동작을 하지 않는 회로이다. 우선적으로 PB1을 ON하면 R1이 여자된 상태에서 PB2를 ON하면 R2가 여자되고 R1과 R2가 여자된 상태에서 PB3를 ON하면 R3가 여자된다. 이 회로에서 R1이 소자된 상태에서 PB2와 PB3를 ON하여도 R2 와 R3는 여자되지 않는다.

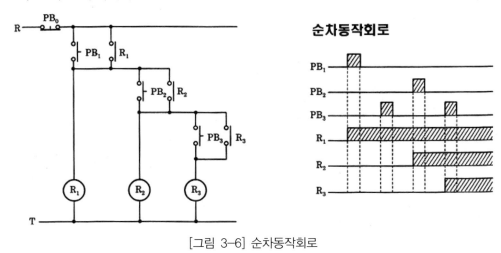

[그림 3-6] 순차동작회로

사. 한시동작회로

PB를 ON하면 릴레이 R이 여자되고 R-a접점에 의하여 자기 유지되며 시한 타이머 T에 전류가 흐르고(여자되면) 타이머의 설정 시간(t)이 경과되면 시한 동작 T-a접점이 폐로되어 부하가 동작한다.

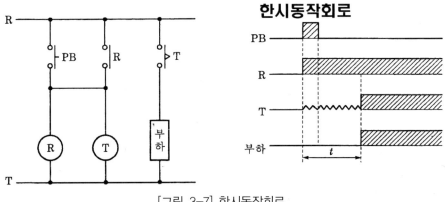

[그림 3-7] 한시동작회로

2 │ 전동기 이해하기

전동기는 전기적 에너지를 기계적 에너지로 변환시켜 회전 동력을 얻는 기계로 시동 및 운전이 용이하고, 부하에 적합한 기종을 선택하기 쉽고, 소음 및 진동이 작고, 배기 공해도 없는 소형 경량의 기기이다. 전동기는 다음과 같은 것들이 있다. 현재 동력원으로 사용되는 전동기의 90% 이상은 3상 유도전동기를 사용한다.

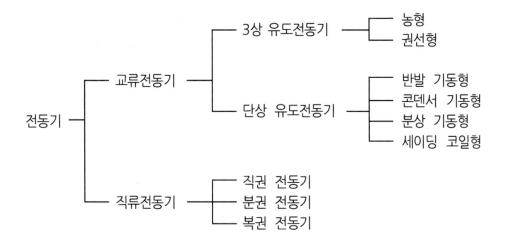

가. 직류 전동기

DC 전동기는 자계 내에 있는 도체에 전류가 흐르면 도체는 플레밍의 왼손법칙에 따르는 방향의 힘을 받는 원리를 이용해 도체를 코일로 하고 전류를 흐르게 하면 도체 양쪽의 전류 방향이 역으로 되기 때문에 회전력이 작용하여 회전운동을 발생하게 한다. 회전력은 자계의 세기와 도체에 흐르는 전류에 비례한다.

나. 3상 유도전동기

현재 동력원으로 사용되는 전동기의 90% 이상은 3상 유도전동기를 사용한다.

동작 원리는 3상 전원에 의해서 회전 자장을 발생하고, 이 회전장에 의해서 회전자가 회전하기 때문에 유도 전동기라 한다. 구조는 회전자계를 발생시켜 주기 위한 계자와 원통형 회전자가 있으며, 회전자는 형태에 따라 농형과 권선형이 있으며 소형에는 농형이 많이 사용된다.

[표 3-1] 3상 유도전동기의 특징

동작 원리	3상 전원에 의해서 회전 자장을 발생하고 이 회전자장에 의해서 회전자가 회전하기에 유도 전동기라 한다. 3상 유도 전동기는 아라고의 원판 원리를 이용한 것이다.
구 조	코일을 감아 회전 자계를 발생시켜주기 위한 계자와 원통형 회전자가 있으며 회전자는 형태에 따라 농형과 권선형이 있으며 소형의 경우에 농형이 많이 사용된다.
코일(권선)	3상 유도전동기는 전원이 3상을 공급받아서 사용되고 내부 코일 또한 독립된 3개의 코일로서 자극을 형성하도록 되어 있다.
단자 인출	종래에는 3개의 단자가 외부로 인출되는 방식이었으나 현재에는 6개의 단자가 외부로 인출된 것으로 제작 시판되고 있다. 6개의 단자를 외부에서 연결하는 Y결선과 △결선 또는 220V, 380V용으로 선택적으로 사용하도록 되어 있다.

3상 유도전동기 결선방법

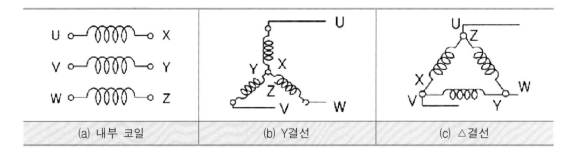

(a) 내부 코일	(b) Y결선	(c) △결선

삼상 유도전동기 결선방법(Y-△ 운전 MOTOR 카탈로그)

(a) 내부 코일	(b) Y결선	(c) △결선

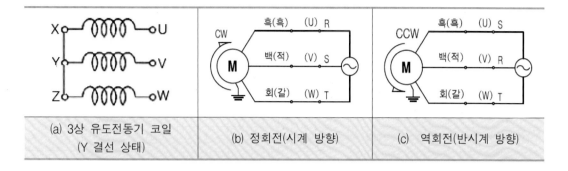

삼상 유도전동기 결선방법(정 역 운전 MOTOR 카탈로그)

(a) 3상 유도전동기 코일 (Y 결선 상태)	(b) 정회전(시계 방향)	(c) 역회전(반시계 방향)

다. 단상 유도전동기

　단상 유도전동기의 회전 원리는 이동 자장에 의한 것으로 기동과 운전 방식이 복잡하여 큰 동력을 얻기가 어렵다. 외형과 회전자 형태는 3상 유도전동기와 같으며, 다만 내부에 2종류의 코일로 구성된다. 즉 회전력을 발생하는 주 코일과 처음 회전을 하는 기동 코일로 구성되고, 기동력을 발생하는 방식에 따라 여러 가지 방식이 있다.

[표 3-2] 주 코일과 기동 코일

주 코일	코일의 굵기가 굵고 코일 수는 적어서 선로정수 중 리액턴스 성분이 크다.
기동코일	상대적으로 주 코일에 비해 가늘고 코일 수는 많으며 선로정수 중 저항이 크다.
콘덴서	주 코일은 리액턴스 성분 기동 코일은 저항 성분이 크기 때문에 두 코일의 위상차에 의해서 기동하여 운전하는 것이 기본 원리이며 기동 코일에 콘덴서를 삽입하므로써 그 위상차가 더욱 커지므로 기동 특성이 개선된다. (콘덴서 기동형 단상 유도전동기)
운전방법 단상	유도전동기는 외부에 단자가 4개 있으므로 콘덴서를 내부에 설치하는 것과 외부에서 연결하도록 하는 것이 있다. 기동 시에는 두 개의 코일을 병렬로 전원에 연결하여 사용하고 기동 후 기동 코일이 불필요하며 전력 손실만 초레히므로 원심력 스위치를 사용하여 차단하고 주 회로만을 사용한다. (콘덴서 기동형 단상 유도전동기)

단상 유도전동기 결선방법

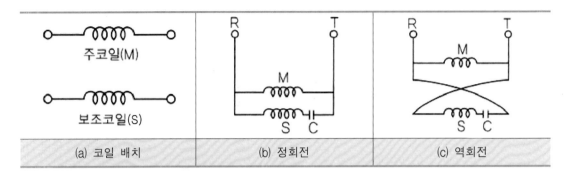

| (a) 코일 배치 | (b) 정회전 | (c) 역회전 |

단상 유도전동기 결선방법(SPG MOTOR 카탈로그)

회전 방향은 모터 출력축에서 부하측으로 바라본 기준으로 시계 방향을 C.W.(정회전), 시계의 반대 방향을 C.C.W(역회전)으로 하고 있다.(Cap는 CAPACITOR의 약자)

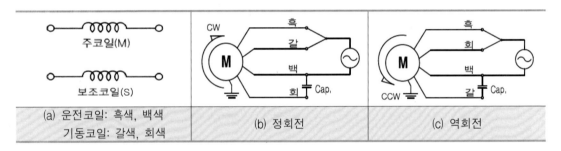

| (a) 운전코일: 흑색, 백색
기동코일: 갈색, 회색 | (b) 정회전 | (c) 역회전 |

3 ┃ 3상 유도전동기 기동회로

어떤 물건을 운반하거나 가공할 때 고속이나 저속으로 변속하기 위하여 기동이나 정지가 필요하다. 기동과 정지를 위하여 유도전동기를 많이 이용한다.

단상 유도전동기의 기동 방식은 고정자의 주 권선만으로 기동 회전력을 얻을 수 없어 회전 자계를 얻기 위해 콘덴서 기동 방식, 반발 기동 방식, 분상 기동 방식 등을 사용하여 기기 내부에 시설되어 있어 특별한 조작이 필요하지 않다.

3상 유도전동기의 기동 방식은 처음부터 회전자계를 발생 회전자계 방향으로 회전하므로 전전압 기동할 수 있으나, 정격전압을 처음부터 가하면 기동전류가 정격전류의 5~6배 까지 흘러 전력 계통과 기기에 영향을 주므로 기동전류를 감소시키고 기동 토오크를 크게 하기 위한 장치를 해야 한다.

큰 기동전류와 큰 기동토크에 의한 문제점

큰 기동전류 :

    ○ 전압강하(10%까지 허용)로 인한 저전압으로 기기정지 또는 기동실패

    ○ 열적인 손상(전선 및 기기에 열적손상)

큰 기동토크 :

    ○ 기계적 충격으로 인한 기어등의 손상

가. 농형 유도전동기 기동법

구조상 2차 권선에 저항기를 연결해서 기동전류를 제한하기가 불가능하므로 기동전류를 줄이기 위해서 전동기의 1차 전압을 줄인다.

1) 전전압 기동법

전동기에 정격전압을 직접 인가하여 기동시키는 방법으로 전동기를 기동시키는데 일반적으로 사용되지만 기동전류가 정격전류의 5~6배 정도가 흘러 기동 시간이 길어지면 코일이 과열되기 때문에 주의해야 한다. 따라서 이 방식은 5[Kw] 이하의 소용량 전동기에 사용한다.

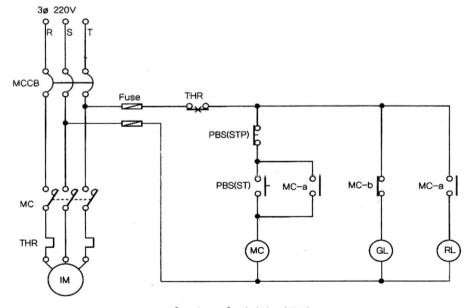

[그림 3-8] 전전압 기동법

2) Y-Δ기동법

공장에서 많이 사용하고 있는 3상 유도전동기의 전전압 기동 방식은 기동전류가 정격전류의 약 5~6배로 되어 계통에 전압 강하를 일으켜 다른 기기에도 큰 영향을 주므로 5~15[Kw] 이하의 전동기는 Y로 기동하고 몇 초가 지난 후 [그림3-9]와 같이 MC2를 이용하여 전환하면 선간전압이 모두 가해져 정상 운전이 되도록 한다.

3상 유도전동기에서 기동전류를 줄이기 위하여 전동기의 권선을 Y결선으로 하여 기동하고 기동 후 △결선으로 바꾸어 운전을 하는데 이를 Y-△기동이라고 한다. 기동 방법의 특징은 Y로 기동시 전전압 기동에 비해 전동기 코일에 인가되는 상전압은 $1/\sqrt{3}$이 가해지고 기동 전류 및 기동토크는 1/3로 감소하여 기동하게 되어 안전한 기동이 된다.

① 회로도

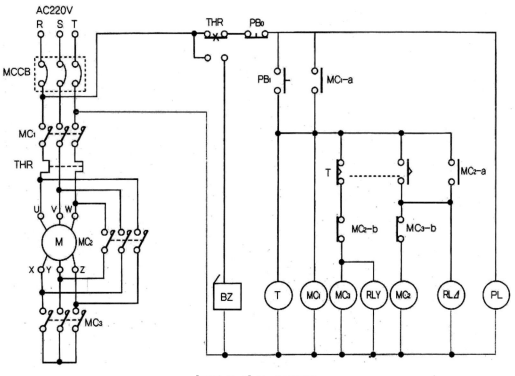

[그림 3-9] Y-△기동법

② 동작 설명

- 전원을 투입하면 전원 표시등 PL이 점등된다.
- PB1을 누르면 MC1와 MC3가 여자되어 주접점 MC1가 닫히면서 전동기가 Y기동되고 보조 접점 MC1이 붙어 표시등 RLY이 점등 손을 떼어도 계속 Y기동된다. 동시에 타이머 코일도 여자된다.
- 타이머의 설정 시간 t가 지나면 T-b 접점이 열려 MC3가 소자되어 Y기동이 정지되고 T-a가 붙어 MC2가 여자되면서 △운전으로 전환된다. 이때 RLY은 소등되고 RL△이 점등된다.
- MC2와 MC3은 인터록이 유지되어 안전 운전이 된다.
- 정지용 PB0를 누르면 전동기가 정지되고 RLY, RL△, PL은 소등되며, 놓으면 PL이 점등된다.

③ 3상 유도전동기 코일 표현법

3상 유도전동기는 기본 3개의 코일군으로 구성되어 있다. 그리고 코일의 시작단자와 끝단자로 표현하는 방법이 아래 두 가지 방법을 사용한다.

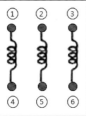	※ ①-④, ②-⑤, ③-⑥은 각 코일의 시작과 끝단자로써 각 코일의 저항값이 측정되므로 거의 동일한 저항값이 측정됨. ※ 그 외 코일 사이(예 ①과 ②, ③, ⑤, ⑥사 이 저항은 ∞[Ω]의 저항이 측정됨. ※ 코일단자(①②③④⑤⑥)와 외함 사이는 ∞[Ω]의 절연저항이 측정되어야 함.
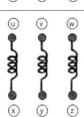	※ ⓤ-ⓧ, ⓥ-ⓨ, ⓦ-ⓩ은 각 코일의 시작과 끝단자로써 각 코일의 저항값이 측정되므로 거의 동일한 저항값이 측정됨. ※ 그 외 코일사이(예 ⓤ과 ⓥ, ⓦ, ⓨ, ⓩ 사이 저항은 ∞[Ω]의 저항이 측정됨. ※ 코일단자(ⓤⓥⓦⓧⓨⓩ)와 외함 사이는 ∞[Ω]의 절연저항이 측정되어야 함.

④ 3상 유도전동기 결선법 Y결선(스타결선), △결선(환상결선)

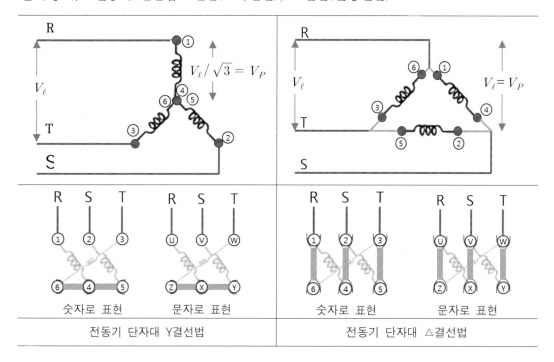

숫자로 표현	문자로 표현	숫자로 표현	문자로 표현
전동기 단자대 Y결선법		전동기 단자대 △결선법	

⑤ 3상 유도전동기 결선법 예

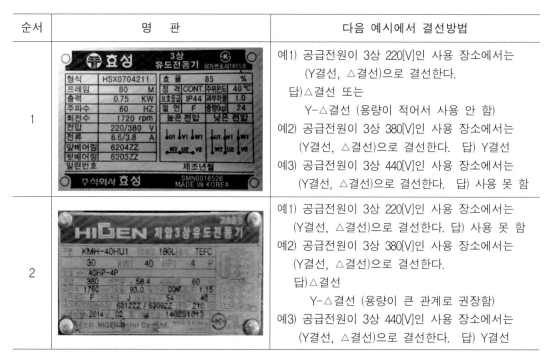

순서	명 판	다음 예시에서 결선방법
1	효성 3상 유도전동기 허가번호제1869호 / 형식 HSX0704211 효율 85 % / 프레임 80 M 정격 CONT. 주위온도 40 ℃ / 출력 0.75 KW 보호등급 IP44 과부하율 1.0 / 주파수 60 HZ 절연 F 중량(kg) 24 / 회전수 1720 rpm 높은 전압 낮은 전압 / 전압 220/380 V / 전류 6.6/3.8 A / 앞베어링 6204ZZ / 뒷베어링 6203ZZ / 일련번호 제조년월 / 주식회사 효성 SMN0016526 MADE IN KOREA	예1) 공급전원이 3상 220[V]인 사용 장소에서는 (Y결선, △결선)으로 결선한다. 답)△결선 또는 Y-△결선 (용량이 적어서 사용 안 함) 예2) 공급전원이 3상 380[V]인 사용 장소에서는 (Y결선, △결선)으로 결선한다. 답) Y결선 예3) 공급전원이 3상 440[V]인 사용 장소에서는 (Y결선, △결선)으로 결선한다. 답) 사용 못 함
2	HIGEN 저압3상유도전동기 고효율 / KMH-40HU1 180L TEFC / 30 kW(40 HP) 4 P / 40HP-4P / 380 58.4 60 / 1750 93.0 CONT 1.15 / F 54 40 / 6312ZZ / 6309ZZ 210 / 2014 02 140251043 / HIGEN Motor Co.,Ltd. MADE IN KOREA	예1) 공급전원이 3상 220[V]인 사용 장소에서는 (Y결선, △결선)으로 결선한다. 답) 사용 못 함 예2) 공급전원이 3상 380[V]인 사용 장소에서는 (Y결선, △결선)으로 결선한다. 답)△결선 Y-△결선 (용량이 큰 관계로 권장함) 예3) 공급전원이 3상 440[V]인 사용 장소에서는 (Y결선, △결선)으로 결선한다. 답) Y결선

참고) 전동기 인출선 방법

제작 방법	 1. 슬롯 절연지 제작	 2. 코일 제작(3상4극)	 3. 코일 삽입	
	 4. 코일 결선	 5. 인출선 정리	 6. 완성	
외부 인출 방법	 전선으로 인출(3가닥)	 전선으로 인출 6가닥		3가닥은 Y.△ 고정 6가닥은 Y.△ 변경
	 단자대로 인출(Y)	 단자대로 인출(△)		단자편으로 Y.△ 변경

3) 리액터 기동법

전동기 1차측에 직렬로 기동용 리액터를 접속하여 그 전압 강하로 저저압으로 기동하고 운전 시에는 리액터를 단락 혹은 개방시켜 전전압 운전하는 방식으로 기동 보상기와 함께 광범위하게 농형 유도전동기의 기동에 사용되고 있다. 펌프, 팬 등 스타델타 기동으로 가속이 곤란한 경우나 기동할 때의 충격을 방지할 필요가 있을 때에 적합하다.

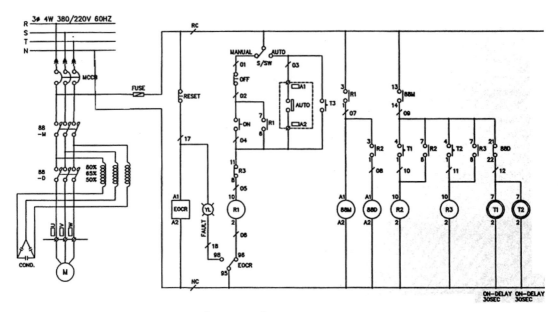

[그림 3-10] 리액터 기동법

4) 기동 보상기(Korndorfer starter) 기동법 : 콘돌퍼 기동법

전원측에 3상 단권 변압기를 시설하여 전압을 낮추고 가속 후에 전원 전압을 인가해 주는 방식으로, 동일 기동 입력에 대하여 기동 시의 손실이 적고 전압을 가감할 수 있는 이점을 갖는다. 기동 보상기에 사용되는 탭 전압은 50,65,80[%](기동토크는 각각 25%, 42%, 64%)를 표준으로 하고 있다. 기동 보상기의 1, 2차 전압비를 1/m이라 하면 기동전류와 기동토크는 $1/m^2$이 되며, 이 방식은 15[Kw]를 초과하는 전동기에 주로 사용한다.

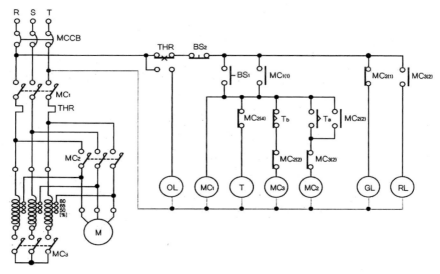

[그림 3-11] 기동 보상기 기동법

5) 소프트 스타터 방식 : VVCF(가변전압 정주파수 방식)

6) 인버터 제어 방식 : VVVF(가변전압 가변주파수 방식)

나. 권선형 유도전동기 2차 저항 기동법

　권선형 유도전동기의 2차측에 저항을 넣고 비례 추이를 이용하여 기동, 혹은 속도 제어를 행하는 방법이 있다.

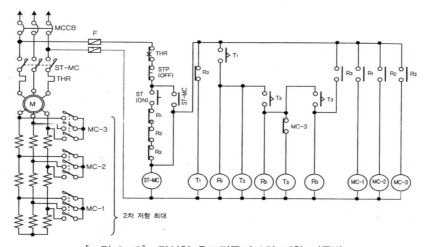

[그림 3-12] 권선형 유도전동기 2차 저항 기동법

4 정·역전 운전회로

가. 단상전동기의 정·역전 운전회로

전동기가 정·역 어느 방향으로 회전하는가의 문제는 자기장과 전류의 방향과의 관계로 결정되기 때문에 회전 방향을 바꾸려고 할 때는 자기장이나 전류 어느 한 쪽의 방향을 바꾸면 되므로 단상 유도전동기는 보조권선의 접속을 반대로 하거나 주 권선의 접속을 반대로 하면 된다.

1) 회로도

단상 유도전동기는 주코일 외에 보조코일을 설치하고 이것에 콘덴서를 접속하여 기동토크를 발생하게 만들었기 때문에 콘덴서 전동기라고도 하며, 단상 전원으로 구동되므로 가정용 및 공업용으로도 널리 사용되고 있다.

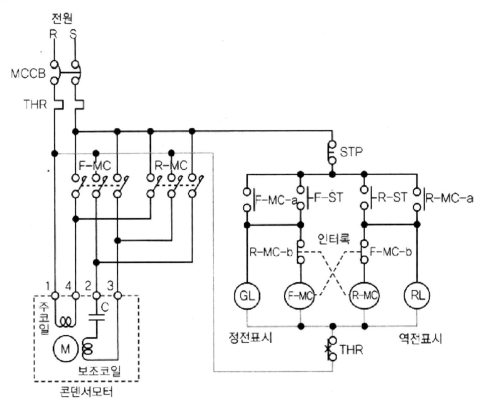

[그림3-13] 단상 유도전동기 정·역전 운전제어회로

나. 3상 유도전동기 정·역전 운전회로

1) 회로도

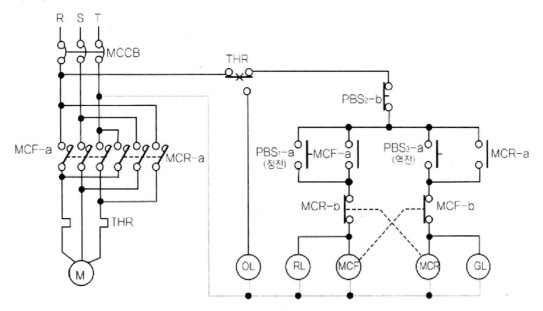

[그림 3-14] 3상 유도전동기 정·역전 운전제어회로

2) 결선

전동기의 회전 방향을 정방향 또는 역방향으로 운전하는 제어회로로 3상 유도전동기 회전 방향을 바꾸려면 회전자계의 방향을 바꾸는 것으로 가능하므로, 전자 개폐기 2개를 사용 전원 측 R, S, T 3선 중 임의의 2선을 서로 바꾸게 되면 회전 방향이 반대가 된다.

3) 회로 구성 시 주위사항

전자 개폐기 2개가 동시에 여자될 경우 전원 회로에 단락 사고가 일어나기 때문에 전자 개폐기 MCF, MCR은 반드시 인터록 회로로 구성되어야 한다.

4) 동작 설명

정회전 푸시 버튼 스위치 PBS1-a를 ON하면 MCF가 여자되어 자기 유지되며 주접점 MCF가 닫혀 전동기는 정회전한다. 이때 RL 램프가 점등한다. MCF 여자 시 MCF의 b접점이 개로 되어 PBS2-a를 ON하여도 MCR은 여자되지 않는다. 즉 인터록 회로를 구성하고 있다. 정지용 푸시 버튼 스위치 PBS0-b를 누르면 전동기는 정지되고 RL램프는 소등된다. 역회전용 푸시버튼 스위치 PBS2-a를 ON하면 MCR이 여자되어 자기 유지되며, 주접점 MCR가 닫혀 전동기는 역회전한다. 이때 GL 램프가 점등된다. MCR 여자 시 MCR의 b접점이 개로되어 PBS1-a를 ON하여도 MCF는 여자되지 않는다.

제4장
시퀀스 제어회로 실습하기(단선)

학습 목표

자동 제어에서 중요한 부분을 차지하고 있는 시퀀스 제어의 도면을 이해하고 기계·기구를 사용하여 해당 도면의 전기회로를 구성할 수 있으며 동작 상태를 확인할 수 있다.

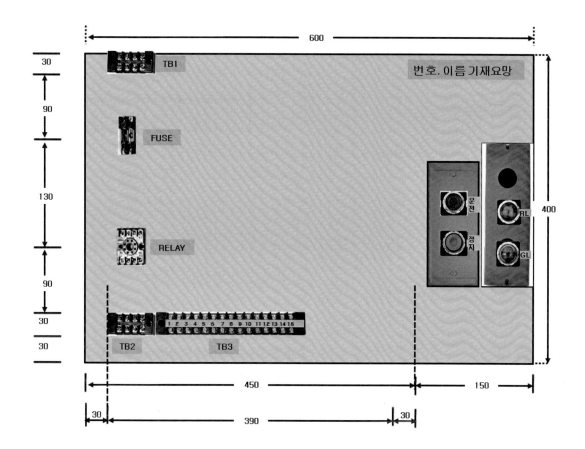

[배치도 상세도]

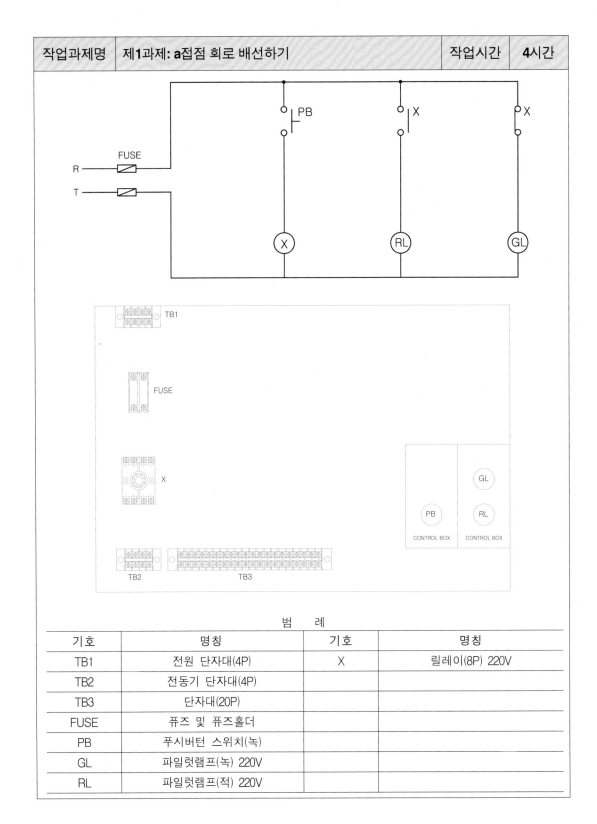

| 작업과제명 | 제1과제: a접점 회로 배선하기 | 작업시간 | 4시간 |

범 례

기호	명칭	기호	명칭
TB1	전원 단자대(4P)	X	릴레이(8P) 220V
TB2	전동기 단자대(4P)		
TB3	단자대(20P)		
FUSE	퓨즈 및 퓨즈홀더		
PB	푸시버턴 스위치(녹)		
GL	파일럿램프(녹) 220V		
RL	파일럿램프(적) 220V		

작업과제명	제1과제: a접점 회로 배선하기		작업시간	4시간

[관계 지식]

1. 부품 이해

 1) PB (푸쉬버턴 스위치)

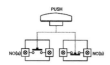

A 접점(arbeit contact) (NO.Normal Open) :
 : 상시 개로 (보통 상태: 개로, 누른 상태: 폐로)

B 접점(break contact) (NC Normal Close)
 : 상시 폐로(보통 상태: 폐로, 누른 상태: 개로)

2) 8핀 릴레이

전원부	⊗　〜	코일 (전자석)
NO(A접점)		(평상시) 열림
NC(B접점)		(평상시) 닫힘

2. 작업 순서

 1) 회로도의 심벌과 배치도의 부품 관계를 이해한다.

 2) 부품의 번호를 기입한다.

  - 릴레이 번호를 기입한다: 릴레이 내부 결선도 참조

  - 단자대 번호를 배정한다: 부품 위치를 고려

  - 번호가 없는 부품은 위치로써 작업 위치 구분 (1차 · 2차, 상 · 하, 좌 · 우)

 3) 작업 단위별로 작업한다.

3. 동작 검사

 1) 전원을 투입, GL 점등　2) PB 누르면 RL 점등, GL 소등　3) PB 놓으면 RL 소등, GL 점등

```
PB
X(=RL)
GL
```

4. 기타

 1) 제어회로 작업을 1.5SQ 전선으로 작업한다.

 2) 릴레이 베이스는 홈 페인 부분이 밑으로 오게 고정한다.

작업과제명	제2과제: (정지 우선) 자기유지회로	작업시간	4시간

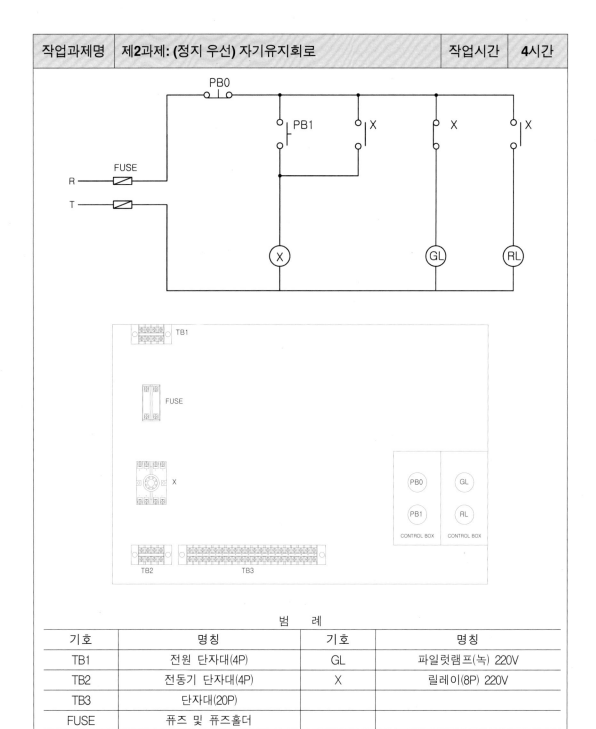

범 례

기호	명칭	기호	명칭
TB1	전원 단자대(4P)	GL	파일럿램프(녹) 220V
TB2	전동기 단자대(4P)	X	릴레이(8P) 220V
TB3	단자대(20P)		
FUSE	퓨즈 및 퓨즈홀더		
PB1	푸시버턴 스위치(녹)		
PB0	푸시버턴 스위치(적)		
RL	파일럿램프(적) 220V		

작업과제명	제2과제: (정지 우선) 자기유지회로	작업시간	4시간

[관계 지식]

1. 부품 이해

1) 파일럿램프 (RL,GL)

동작 상태	색상	기호	영문
전원 표시	백색	WL , PL	white lamp, pilot lamp
운전 표시	적색	RL	red lamp
정지 표시	녹색	GL	green lamp
경보 표시	등색	OL	orange lamp
고장 표시	황색	YL	yellow lamp

※ IEC(장비 상태에 관계된 지시부호): 적색(시스템의 멈춤), 녹색(정상 동작), 푸시버턴 색상.

2. 작업 순서

1) 회로도의 심벌과 배치도의 부품 관계를 이해한다.
2) 부품의 번호를 기입한다.
- 릴레이 번호를 기입한다: 릴레이 내부 결선도 참조
- 단자대 번호를 배정한다: 부품 위치를 고려
- 번호가 없는 부품은 위치로써 작업 위치 구분 (1차 · 2차, 상 · 하, 좌 · 우)
3) 작업 단위별로 작업한다.

3. 동작 검사

1) 전원을 투입하면 GL이 점등 2) PB1 누르면 GL 소등, RL 점등 3) PB0 누르면 RL 소등 GL 점등 4) PB1과 PB0를 동시에 누르면 RL이 소등한다.

4. 기타

1) 자기유지회로
누름 버턴 스위치를 온(ON)으로 했을 때, 스위치가 닫혀 전자 계전기가 일단 여자되면 그것의 a접점이 닫히기 때문에 누름 버턴 스위치를 떼어도(스위치가 열림) 전자 계전기가 계속 여자되는 것을 자기유지라고 한다. 즉, 전자(電磁) 계전기를 조작하는 스위치의 접점에 병렬로 그 전자 계전기의 a접점이 접속된 회로를 자기유지회로라고 한다.

2) 정지 우선 자기유지 회로
PB1과 PB0를 동시에 누르면 PB0에 의해서 회로가 차단되어 릴레이가 소자되는 회로

3) 다음 괄호안을 선택하세요
PB1과 PB0를 동시에 누르면 PB1은(개로/폐로)되고 PB0는(개로/폐로)되어 릴레이 X는 (소자/여자)된다.

4) 외부 소자(PB1, PB0, RL, GL)의 단자대 배정 시 공통 개념 없이 단자대 사용 (8개 배정)

작업과제명	제3과제: (운전 우선) 자기유지회로	작업시간	4시간

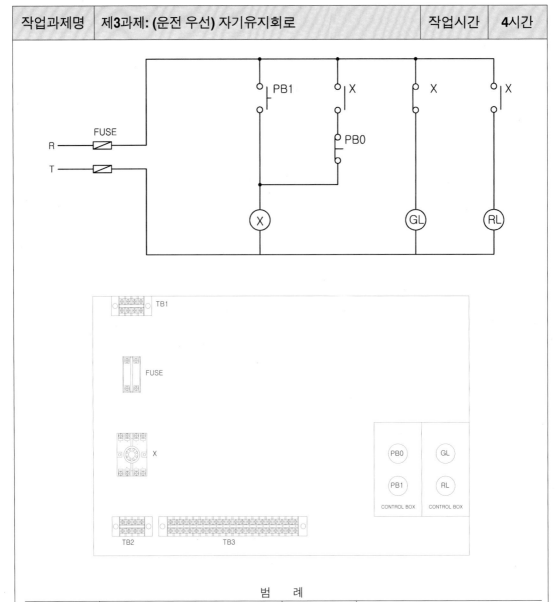

범　례

기호	명칭	기호	명칭
TB1	전원 단자대(4P)	GL	파일럿램프(녹) 220V
TB2	전동기 단자대(4P)	X	릴레이(8P) 220V
TB3	단자대(20P)		
FUSE	퓨즈 및 퓨즈홀더		
PB1	푸시버턴 스위치(녹)		
PB0	푸시버턴 스위치(적)		
RL	파일럿램프(적) 220V		

작업과제명	제3과제: (운전 우선) 자기유지회로	작업시간	4시간

[관계 지식]
1. 부품 이해
 1) 8핀 릴레이

전원부		코일 (전자석)		
NO(A접점)		(평상시) 열림		
NC(B접점)		(평상시) 닫힘		

2. 작업 순서
 1) 회로도의 심벌과 배치도의 부품관계를 이해한다.
 2) 부품의 번호를 기입한다.
  - 릴레이 번호를 기입한다: 릴레이 내부 결선도 참조
  - 단자대 번호를 배정한다: 부품 위치를 고려
  - 번호가 없는 부품은 위치로써 작업 위치 구분 (1차 · 2차, 상 · 하, 좌 · 우)
 3) 작업 단위별로 작업한다.

3. 동작 검사
 1) 전원을 투입하면 GL이 점등　　2) PB1 누르면 GL 소등, RL 점등
 3) PB0 누르면 RL 소등 GL 점등　　4) PB1과 PB0를 동시에 누르면 RL이 점등한다.

4. 기나
 1) 운전 우선 자기유지회로
　　PB1과 PB0를 동시에 누르면 PB1에 의해서 회로가 폐로되어 릴레이가 여자되는 회로
 2) 다음 괄호 안을 선택하세요
　　PB1과 PB0를 동시에 누르면 PB1은(개로/폐로)되고 PB0는 (개로/폐로)되어 릴레이 X는(소자/여자)된다
 3) 외부 소자(PB1,PB0, RL, GL)의 단자대 배정 시 공통 개념을 사용하여 단자대 배정(6개 배정)

작업과제명	제4과제: 논리회로 이해하기(논리합 부정회로 NOR)	작업시간	4시간

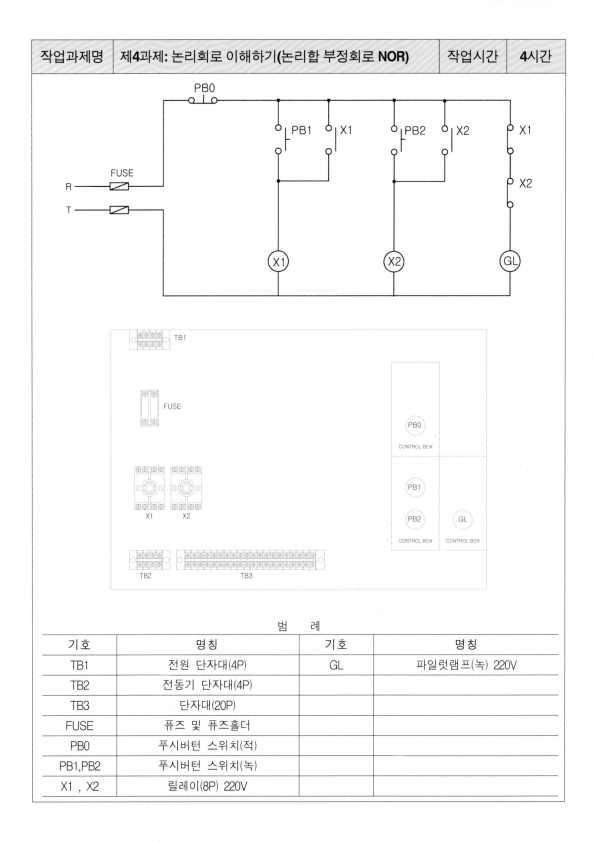

범 례

기호	명칭	기호	명칭
TB1	전원 단자대(4P)	GL	파일럿램프(녹) 220V
TB2	전동기 단자대(4P)		
TB3	단자대(20P)		
FUSE	퓨즈 및 퓨즈홀더		
PB0	푸시버턴 스위치(적)		
PB1,PB2	푸시버턴 스위치(녹)		
X1 , X2	릴레이(8P) 220V		

작업과제명	제4과제: 논리회로 이해하기(논리합 부정회로 **NOR**)	작업시간	**4**시간

[관계 지식]

1. 부품 이해 : 8핀 릴레이

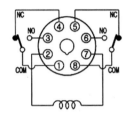 

전원(2-7)

순시NO(1-3)
(8-6)

순시NC(1-4)
(8-5)

2. 작업순서
 1) 회로도의 심벌과 배치도의 부품 관계를 이해한다.
 2) 부품의 번호를 기입한다.
  - 릴레이 번호를 기입한다: 릴레이 내부 결선도 참조
  - 단자대 번호를 배정한다: 부품 위치를 고려
  - 번호가 없는 부품은 위치로써 작업 위치 구분 (1차 · 2차, 상 · 하, 좌 · 우)
 3) 작업 단위별로 작업을 한다.

3. 동작 검사
 1) 전원을 투입하면 GL이 점등
 2) PB1 또는 PB2를 누르면 GL이 소등
 3) PB0를 누르면 X1, X2가 소자되고 PB0를 놓으면 GL은 다시 점등된다.

| PB0 |
| PB1 |
| PB2 |
| X1 |
| X2 |
| GL |

4. 기타
 1) GL를 논리식으로 표현(2-15페이지 참조)

$$GL = \overline{X_1} \cdot \overline{X_2}$$ 드모르간의 정리로 다시 정리하면 $$GL = \overline{X_1} \cdot \overline{X_2} = \overline{\overline{X_1} \cdot \overline{X_2}} = \overline{X_1 + X_2}$$

OR논리식 : $Y = X_1 + X_2$ NOR논리식 : $Y = \overline{X_1 + X_2}$

 2) X1 릴레이와 X2 릴레이의 사용 접점상의 차이를 설명
   X1 릴레이의 NO 접점과 NC 접점은 공통 접점을 활용할 수 있지만 X2 릴레이의 NO 접점과
   NC 접점은 공통 접점을 활용할 수 없다.

작업과제명	제5과제: 논리회로 이해하기(일치회로 배선하기)	작업시간	4시간

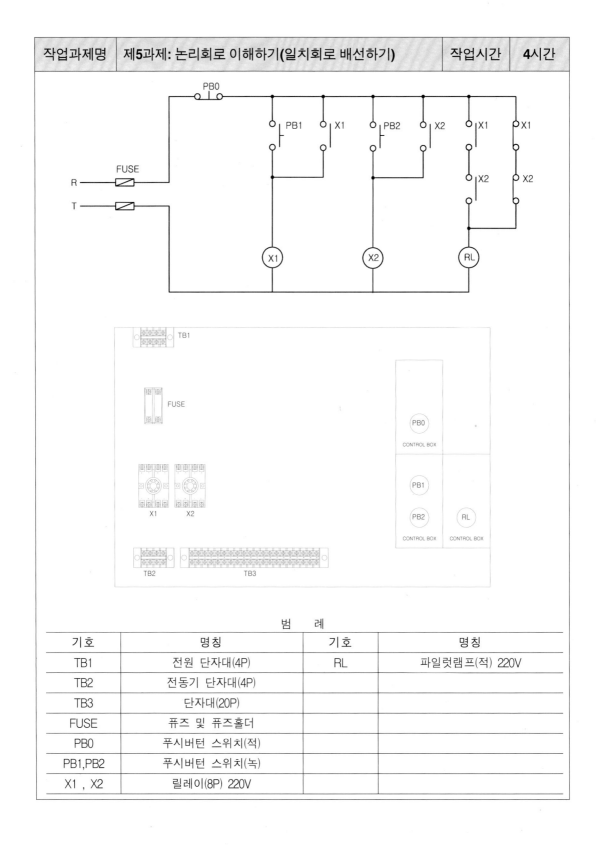

범 례

기호	명칭	기호	명칭
TB1	전원 단자대(4P)	RL	파일럿램프(적) 220V
TB2	전동기 단자대(4P)		
TB3	단자대(20P)		
FUSE	퓨즈 및 퓨즈홀더		
PB0	푸시버턴 스위치(적)		
PB1,PB2	푸시버턴 스위치(녹)		
X1 , X2	릴레이(8P) 220V		

작업과제명	제5과제: 논리회로 이해하기(일치회로 배선하기)	작업시간	4시간

[관계 지식]

1. 부품 이해 :

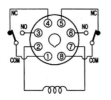

8핀릴레이

릴레이의 공통 단자 1번과 8번은 릴레이 NO, NC접점이 공통적으로 사용되는 부분에서는 공통적으로 사용되는 부분에 공통단자를 사용하여야 한다. 즉 자기유지접점으로 1번과 3번을 사용하였을 경우로 생각하면 X1의 NC는 X1의 자기유지 NO 또는 두 번째 NO 두 개 중 하나를 선택하여 공통으로 사용할 수 있다. 또한 상단이 공통이므로 상단으로 1번 또는 8번을 사용해야 하며, X2의 NC는 X2의 자기유지 NO와는 공통으로 사용할 수 없고 두 번째 NO와 공통으로 사용하며, 하단이 공통이므로 하단을 8번으로 사용하여야 한다.

2. 작업 순서

 1) 회로도의 심벌과 배치도의 부품 관계를 이해한다.
 2) 부품의 번호를 기입한다.
  - 릴레이 번호를 기입한다: 릴레이 내부 결선도 참조
  - 단자대 번호를 배정한다: 부품 위치를 고려
  - 번호가 없는 부품은 위치로써 작업 위치 구분 (1차·2차, 상·하, 좌·우)
 3) 작업 단위별로 작업한다.

3. 동작 검사

 1) 전원을 투입하면 RL이 점등
 2) X1과 X2가 모두 여자 또는 소자일 때만 RL이 점등 아니면 소등
 3) PB0를 누르면 X1, X2가 소자되고 RL은 소등 놓으면 처음 상태 1)로 된다.

PB0							
PB1							
PB2							
X1							
X2							
RL							

4. 기타

 1) X1 릴레이와 X2 릴레이의 사용 접점상의 차이를 설명
  X1 릴레이는 우측 부분 NO, NC는 위쪽에서 공통 접점을 활용하여야 되고, X2 릴레이는 우측 부분 NO, NC의 아래쪽에서 공통 접점을 활용하여야 된다.
 2) RL를 논리식으로 표현하세요 (PB0 부분은 생략함) : 답_____

작업과제명	제6과제: (선행 우선) 인터록 회로 배선하기	작업시간	4시간

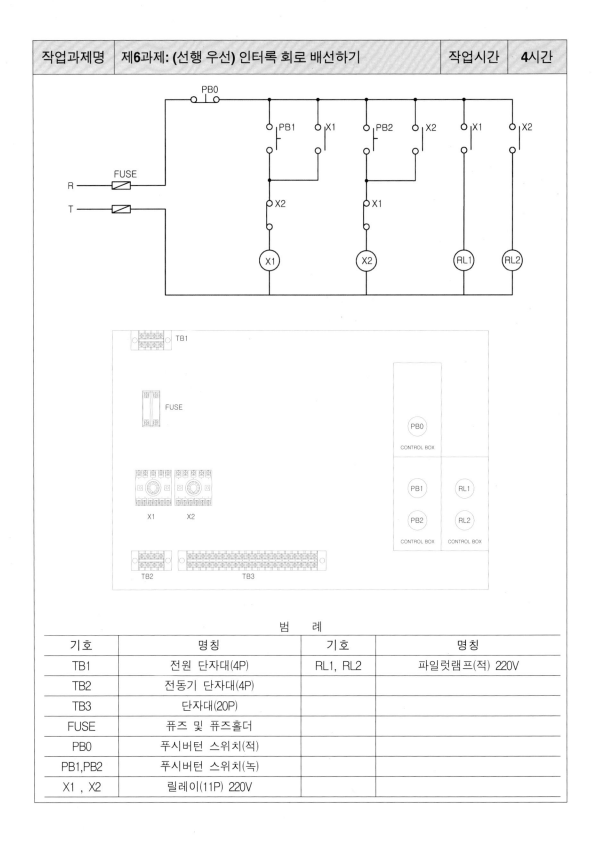

범   례

기호	명칭	기호	명칭
TB1	전원 단자대(4P)	RL1, RL2	파일럿램프(적) 220V
TB2	전동기 단자대(4P)		
TB3	단자대(20P)		
FUSE	퓨즈 및 퓨즈홀더		
PB0	푸시버튼 스위치(적)		
PB1,PB2	푸시버튼 스위치(녹)		
X1 , X2	릴레이(11P) 220V		

작업과제명	제6과제: (선행 우선) 인터록 회로 배선하기	작업시간	4시간

[관계 지식]

1. 부품 이해

 1) 11핀 릴레이

전원부	⊗ ⌇	코일 (전자석)
NO (A접점)	⦁——⦁ ⦁	(평상시) 열림
NC (B접점)	⦁_⦁ ⦁	(평상시) 닫힘

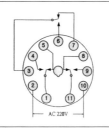 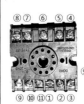

2. 작업 순서

 1) 회로도의 심벌과 배치도의 부품 관계를 이해한다.

 2) 부품의 번호를 기입한다.

  - 릴레이 번호를 기입한다: 릴레이 내부 결선도 참조

  - 단자대 번호를 배정한다: 부품 위치를 고려

  - 번호가 없는 부품은 위치로써 작업 위치 구분 (1차 · 2차, 상 · 하, 좌 · 우)

 3) 작업 단위별로 작업을 한다.

3. 동작 검사(타임 차트)

PB0						
PB1						
PB2						
X1(=RL1)						
X2(=RL2)						

4. 기타

 1) 인터록 회로(서행우선회로, 후행우선히로)

    동시 투입 방지

 2) 선행우선회로

    여러 개의 입력 신호 중 제일 먼저 들어오는 신호에 의해 동작하고 늦게 들어오는 신호는
    동작하지 않는 회로를 선행우선회로라 한다.

 추가 1) 동일한 동작의 회로를 조건에 맞게 설계하세요.(220페이지 참고)

         조건) RL1, RL2는 X1, X2의 전원부와 같이 동작, 8핀 릴레이 한 개를 추가하여 설계하세요

 추가 2) 4개의 부하를 (선행 우선) 인터록 회로로 구성하세요(도면 그려서 제출)

작업과제명	제7과제: (후행 우선) 인터록 회로 배선하기	작업시간	4시간

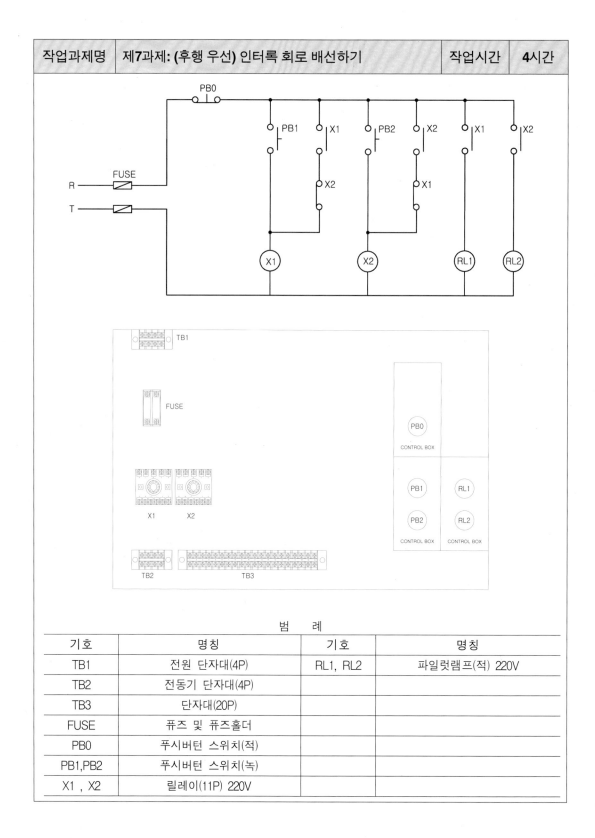

범 례

기호	명칭	기호	명칭
TB1	전원 단자대(4P)	RL1, RL2	파일럿램프(적) 220V
TB2	전동기 단자대(4P)		
TB3	단자대(20P)		
FUSE	퓨즈 및 퓨즈홀더		
PB0	푸시버턴 스위치(적)		
PB1,PB2	푸시버턴 스위치(녹)		
X1 , X2	릴레이(11P) 220V		

작업과제명	제7과제: (후행 우선) 인터록 회로 배선하기	작업시간	**4**시간

[관계 지식]

1. 부품 이해

전원부	<img_1 symbols>	코일 (전자석)		
NO (A접점)		(평상시) 열림	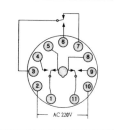	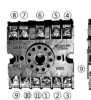 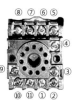
NC (B접점)		(평상시) 닫힘		

2. 작업 순서

1) 회로도의 심벌과 배치도의 부품 관계를 이해한다.
2) 부품의 번호를 기입한다.
  - 릴레이 번호를 기입한다: 릴레이 내부 결선도 참조
  - 단자대 번호를 배정한다: 부품 위치를 고려
  - 번호가 없는 부품은 위치로써 작업 위치 구분 (1차 · 2차, 상 · 하, 좌 · 우)
3) 작업 단위별로 작업한다.

3. 동작 검사(타임챠트)

```
PB0    ▨▨▨▨▨▨▨▨▨▨▨       ▨▨▨▨▨▨▨▨▨▨▨▨
PB1                ▨                      ▨
PB2                    ▨            ▨
X1(=RL1)
X2(=RL2)
```

4. 기타

1) 인터록 회로(선행우선회로, 후행우선회로)
   동시 투입 방지
2) 후행우선회로 (신입력 동작우선회로)
   여러 개의 입력 신호 중 제일 늦은 입력을 준 것이 우선회로이며, 먼저 동작하고 있는 것이
   있으면 그 회로를 제거하고 새로 부여된 입력에서만 출력을 내는 회로
3) 4개의 부하를 (후행 우선)인터록 회로로 구성하세요(도면 그려서 제출)

작업과제명	제8과제: 순차동작회로(전원측 우선회로)	작업시간	4시간

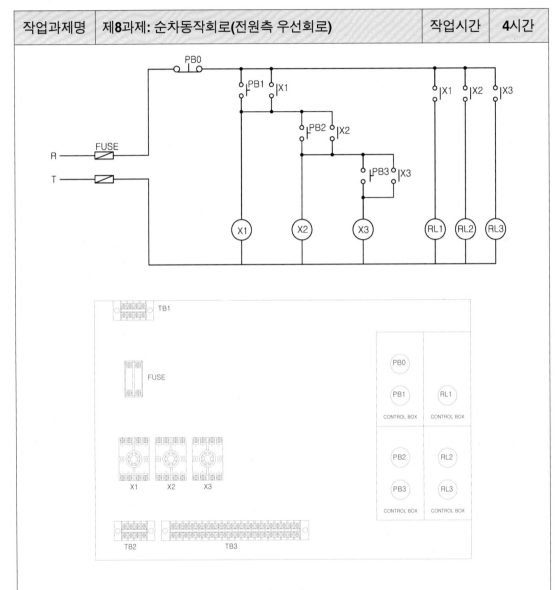

기호	명칭	기호	명칭
TB1	전원 단자대(4P)	RL1,RL2,RL3	파일럿램프(적) 220V
TB2	전동기 단자대(4P)		
TB3	단자대(20P)		
FUSE	퓨즈 및 퓨즈홀더		
X1,X2,X3	릴레이(8핀)220V		
PB0	푸시버턴 스위치(적)		
PB1,PB2,PB3	푸시버턴 스위치(녹)		

작업과제명	제8과제: 순차동작회로(전원측 우선회로)	작업시간	4시간

[관계 지식]

1. 부품 이해

전원부	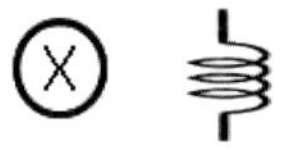	코일 (전자석) 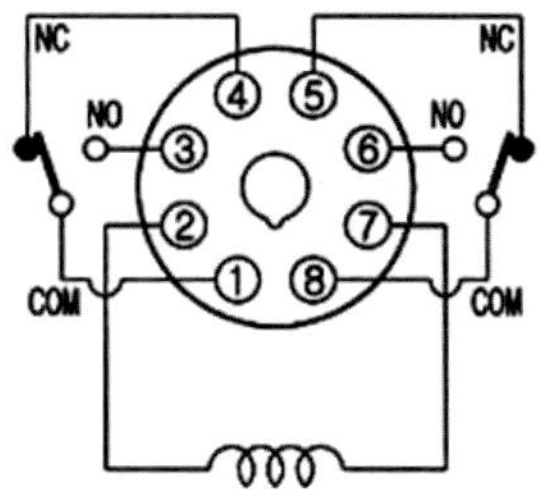 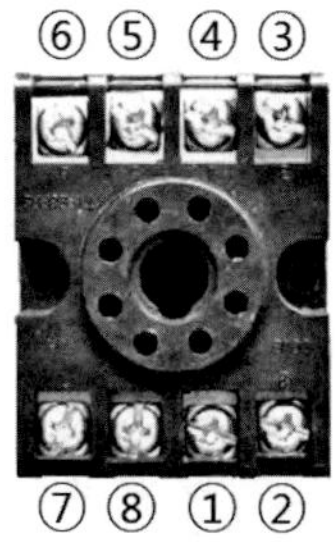
NO(A접점)	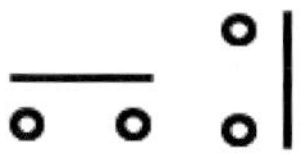	(평상시) 열림
NC(B접점)	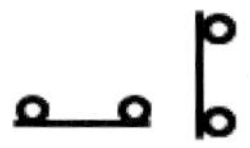	(평상시) 닫힘

2. 작업 순서

1) 회로도의 심벌과 배치도의 부품 관계를 이해한다.
2) 부품의 번호를 기입한다.
 - 릴레이 번호를 기입한다: 릴레이 내부 결선도 참조
 - 단자대 번호를 배정한다: 부품 위치를 고려
 - 번호가 없는 부품은 위치로써 작업 위치 구분 (1차 · 2차, 상 · 하, 좌 · 우)
3) 작업 단위별로 작업을 한다.

3. 동작검사

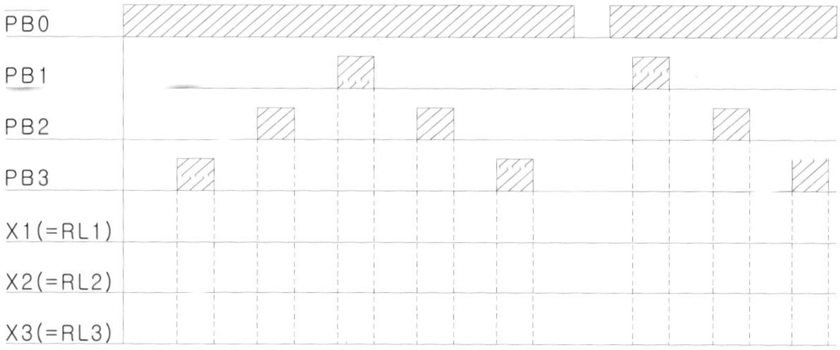

4. 기타

1) 순차동작회로(전원측 우선회로)
   순차동작회로(전원측 우선회로)로 전원측에 가까운 전자릴레이부터 순차적으로 동작되어 나아가는 회로
2) PB4와 X1-b, X2-b, X3-b 접점을 이용하여 RL1, RL2, RL3의 표시등 점검회로를 구성하세요.

작업과제명	제9과제: 순위별 우선회로 배선하기	작업시간	4시간

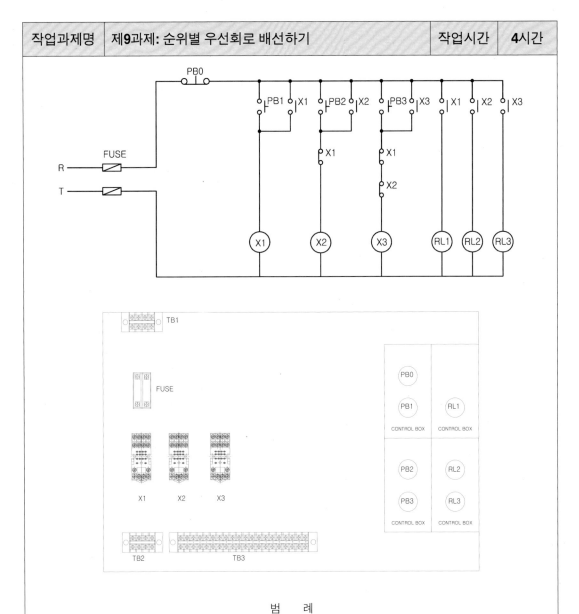

<table>
<tr><td colspan="4" align="center">범 례</td></tr>
<tr><th>기호</th><th>명칭</th><th>기호</th><th>명칭</th></tr>
<tr><td>TB1</td><td>전원 단자대(4P)</td><td>RL1,RL2,RL3</td><td>파일럿램프(적) 220V</td></tr>
<tr><td>TB2</td><td>전동기 단자대(4P)</td><td></td><td></td></tr>
<tr><td>TB3</td><td>단자대(20P)</td><td></td><td></td></tr>
<tr><td>FUSE</td><td>퓨즈 및 퓨즈홀더</td><td></td><td></td></tr>
<tr><td>PB0</td><td>푸시버턴 스위치(적)</td><td></td><td></td></tr>
<tr><td>PB1,PB2,PB3</td><td>푸시버턴 스위치(녹)</td><td></td><td></td></tr>
<tr><td>X1, X2, X3</td><td>릴레이(14P) 220V</td><td></td><td></td></tr>
</table>

작업과제명	제9과제: 순위별 우선회로 배선하기	작업시간	**4시간**

[관계 지식]

1. 부품 이해

 1) 14 릴레이

전원부	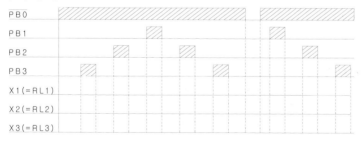	코일 (전자석)		
NO(A접점)		(평상시) 열림		
NC(B접점)		(평상시) 닫힘		

2. 작업순서

 1) 회로도의 심벌과 배치도의 부품 관계를 이해한다.

 2) 부품의 번호를 기입한다.

  - 릴레이 번호를 기입한다: 릴레이 내부 결선도 참조

  - 단자대 번호를 배정한다: 부품 위치를 고려

  - 번호가 없는 부품은 위치로써 작업 위치 구분 (1차 · 2차, 상 · 하, 좌 · 우)

 3) 작업 단위별로 작업한다.

3. 동작 검사

```
P B 0
P B 1
P B 2
P B 3
X 1 (= R L 1)
X 2 (= R L 2)
X 3 (= R L 3)
```

4. 기타

 1) 순위별 우선회로

   1순위, 2순위, 3순위 순으로 정해져 높은 순위의 동작이 우선 행하여 지는 회로

 2) 현재 회로 상태로는 X1 릴레이 때문에 11P 릴레이로 회로를 구성하기는 불가능하다. 11P 릴레이로 구성하기 위하여 회로를 변경하시오. (단, RL1, RL2, RL3를 점등하는 회로는 릴레이의 NO 접점을 이용한다.)

Hint) 릴레이의 접점의 위치만 변경한다.

작업과제명	제10과제: 지연동작회로 배선하기	작업시간	4시간

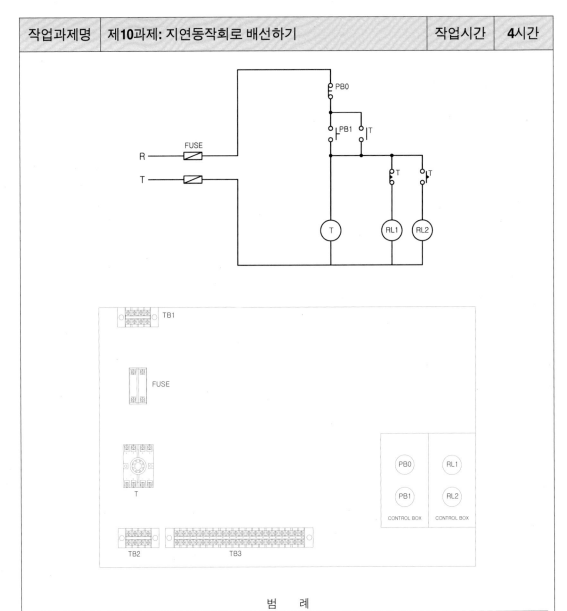

범 례

기호	명칭	기호	명칭
TB1	전원 단자대(4P)	RL1,RL2	파일럿램프(적) 220V
TB2	전동기 단자대(4P)		
TB3	단자대(20P)		
FUSE	퓨즈 및 퓨즈홀더		
T	타이머(8P) 220V		
PB0	푸시버튼 스위치(적)		
PB1	푸시버튼 스위치(녹)		

작업과제명	제10과제: 지연동작회로 배선하기		작업시간	4시간

[관계 지식]

1. 부품 이해

 1) 타이머(TIMER)

전원부	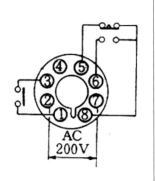	전원부 여자 시		
순시 NO(a접점)		순시 닫힘(폐로)		
한시 NO(a접점)		설정시간 후 닫힘(폐로)		
한시 NC(b접점)		설정시간 후 열림(개로)		

2. 작업 순서

 1) 회로도의 심벌과 배치도의 부품 관계를 이해한다.

 2) 부품의 번호를 기입한다.

  - 릴레이 번호를 기입한다: 릴레이 내부 결선도 참조

  - 단자대 번호를 배정한다: 부품 위치를 고려

  - 번호가 없는 부품은 위치로써 작업 위치 구분 (1차 · 2차, 상 · 하, 좌 · 우)

 3) 작업 단위별로 작업하다

3. 동작 검사

4. 기타

 1) ON Delay Timer(한시동작 순시복귀) :

    전원부 여자 시 일정 시간 후(한시) 접점 이동, 전원부 소자 시 바로(순시) 접점 복귀

 2) OFF Delay Timer(순시동작 한시복귀):

    전원부 여자 시 바로(순시) 접점 이동, 전원부 소자 시 일정 시간 지연 후(한시) 접점 복귀

작업과제명	제11과제: 자동정지회로 배선하기	작업시간	4시간

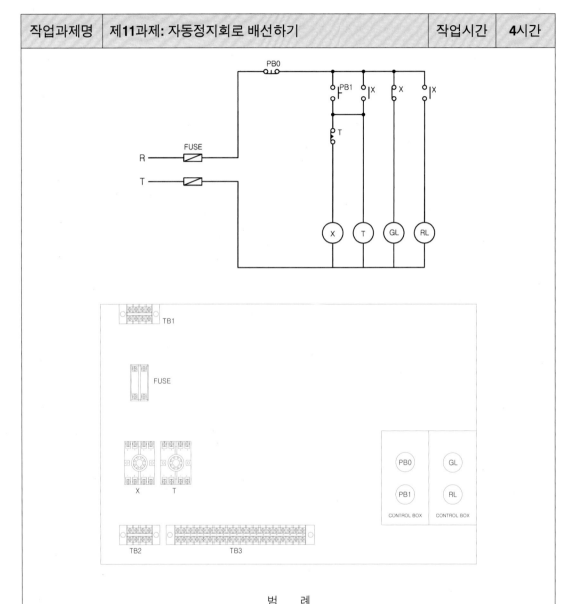

범 례

기호	명칭	기호	명칭
TB1	전원 단자대(4P)	PB1	푸시버턴 스위치(녹)
TB2	전동기 단자대(4P)	RL	파일럿램프(적) 220V
TB3	단자대(20P)	GL	파일럿램프(녹) 220V
FUSE	퓨즈 및 퓨즈홀더		
T	타이머(8P) 220V		
X	릴레이(8P) 220V		
PB0	푸시버턴 스위치(적)		

작업과제명	제11과제: 자동정지회로 배선하기	작업시간	**4**시간

[관계 지식]

1. 부품 이해

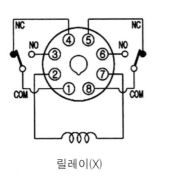

릴레이(X)

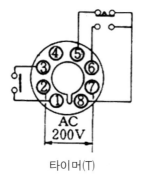

타이머(T)

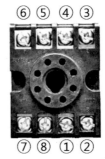

2. 작업 순서

 1) 회로도의 심벌과 배치도의 부품 관계를 이해한다.

 2) 부품의 번호를 기입한다.

  - 릴레이 번호를 기입한다: 릴레이 내부 결선도 참조

  - 단자대 번호를 배정한다: 부품 위치를 고려

  - 번호가 없는 부품은 위치로써 작업 위치 구분 (1차 · 2차, 상 · 하, 좌 · 우)

 3) 작업 단위별로 작업한다.

3. 동작 검사

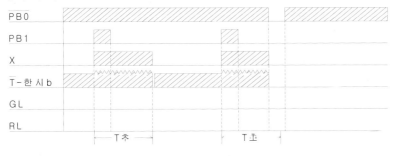

4. 기타

 1) 자동정지회로(한시동작회로)

    타이머의 한시 접점을 이용하여 일정 시간 사용후 자동 정지하는 회로를 구성한다.

 2) 추가 과제: 호출회로 구성하기(224페이지 참고)

작업과제명	제12과제: 반복동작회로 배선하기	작업시간	4시간

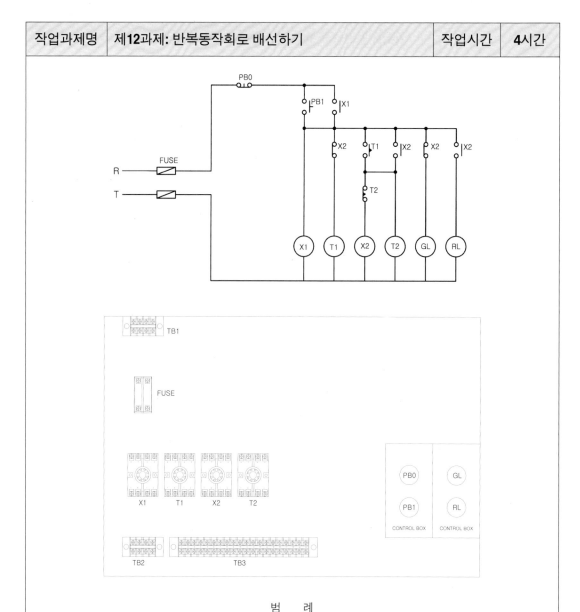

기호	명칭	기호	명칭
TB1	전원 단자대(4P)	PB1	푸시버턴 스위치(녹)
TB2	전동기 단자대(4P)	RL	파일럿램프(적) 220V
TB3	단자대(20P)	GL	파일럿램프(녹) 220V
FUSE	퓨즈 및 퓨즈홀더		
T1,T2	타이머(8P) 220V		
X1,X2	릴레이(8P) 220V		
PB0	푸시버턴 스위치(적)		

작업과제명	제**12**과제: 반복동작회로 배선하기	작업시간	**4**시간

[관계 지식]

1. 부품 이해

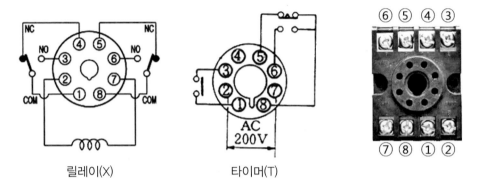

릴레이(X)　　　　　　타이머(T)

2. 작업 순서

 1) 회로도의 심벌과 배치도의 부품 관계를 이해한다.

 2) 부품의 번호를 기입한다.

  - 릴레이 번호를 기입한다: 릴레이 내부 결선도 참조

  - 단자대 번호를 배정한다: 부품 위치를 고려

  - 번호가 없는 부품은 위치로써 작업 위치 구분 (1차 · 2차, 상 · 하, 좌 · 우)

 3) 작업 단위별로 작업한다.

3. 동작 검사

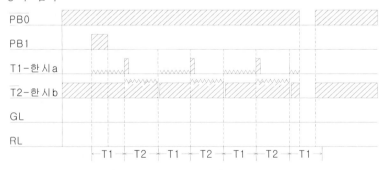

4. 기타

 1) 반복동작회로

　　　두 개의 타이머를 이용하여 일정 시간 동작, 일정 시간 정지하는 회로를 구성할 수 있다..

 2) 기타 반복회로: 226페이지 제4과제 반복회로 참고

작업과제명	제13과제: 수동 · 자동 선택 운전회로	작업시간	4시간

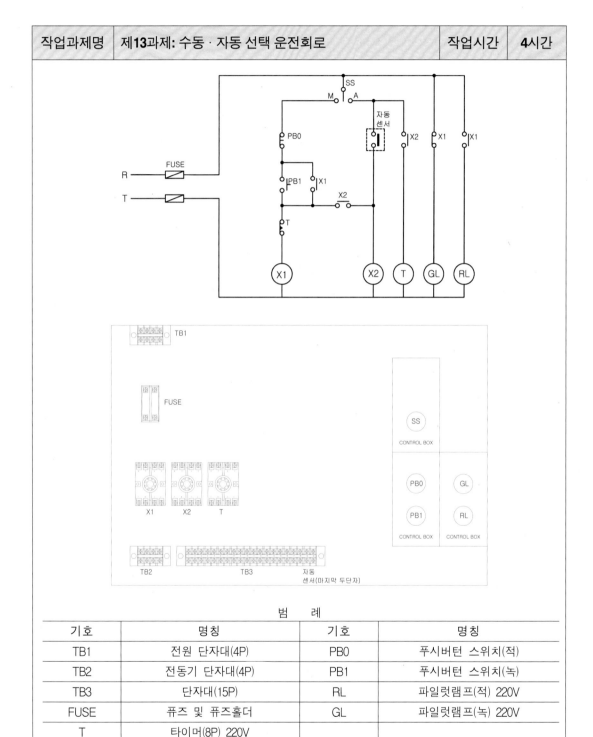

범 례

기호	명칭	기호	명칭
TB1	전원 단자대(4P)	PB0	푸시버턴 스위치(적)
TB2	전동기 단자대(4P)	PB1	푸시버턴 스위치(녹)
TB3	단자대(15P)	RL	파일럿램프(적) 220V
FUSE	퓨즈 및 퓨즈홀더	GL	파일럿램프(녹) 220V
T	타이머(8P) 220V		
X1,X2	릴레이(8P) 220V		
S/S	셀렉터 스위치(11시M, 1시A)		

작업과제명	제13과제: 수동 · 자동 선택 운전회로	작업시간	**4**시간

[관계 지식]

1. 부품 이해

 1) 셀렉터 스위치 :

　　유지형 스위치로서 정지/운전, 수동/자동, 단동/연동 등과 같이 조작방법의 절환 스위치

　　구분: 일반적으로 11시 방향(반시계 방향), 1시 방향(시계 방향) 으로 조작을 표시하며 1시

　　　　방향(시계 방향)이 일반적으로 운전, 자동, 연동 등의 조작으로 사용됨.

　　참고) 시계 방향의 조작 시 위쪽 접점 두 개가 붙는 경우가 있고, 제품의 종류에 따라 아래쪽

　　　　접점 두 개가 붙는 경우가 있다. 반드시 접점을 확인한 후 사용하기 바랍니다

설명	스위치 상태	접점 상태		
11시 방향 수동 위치		M● ●M ● ● 		
1시 방향 자동 위치		● ● ● ● A● ●A		
수동, 자동, 공통 접점을 구분하여 사용한다.		M● SS A● ●		

2. 작업 순서

 1) 회로도의 심벌과 배치도의 부품 관계를 이해한다.

 2) 부품의 번호를 기입한다.

 - 릴레이 번호를 기입한다: 릴레이 내부 결선도 참조

 - 단자대 번호를 배정한다: 부품 위치를 고려

 - 번호가 없는 부품은 위치로써 작업 위치 구분 (1차 · 2차, 상 · 하, 좌 · 우)

 3) 작업 단위별로 작업한다.

3. 동작 검사

 1) 전원 투입 시 GL 점등

 2) SS(셀렉터 스위치)를 11시 위치(수동)에 누고 PB1 누르면 X1 여자, GL 소등, RL 점등, PB0
　누르면 X1 소자, RL 소등 GL 점등

 3) SS(셀렉터 스위치)를 1시 위치(자동)에 두면 X2 여자, X1 여자, T 여자 GL 소등, RL 점등,
　T초 후 X1 소자 RL 소등 GL 점등된다.

4. 기타

 1) 셀렉타 스위치의 위치(방향)에 따른 조건은 문제마다 다를 수 있으므로 문제에 제시된 내용을
　숙지 후 적용바랍니다.

작업과제명	제14과제: 타이머를 이용한 순차회로 배선하기	작업시간	4시간

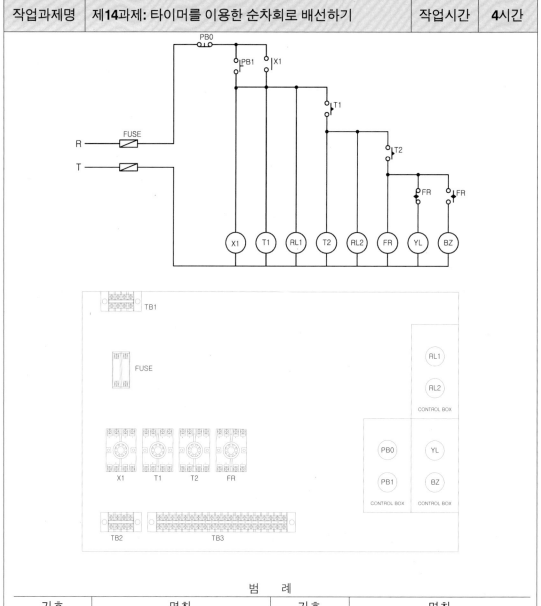

범　례

기호	명칭	기호	명칭
TB1	전원 단자대(4P)	PB0	푸시버턴 스위치(적)
TB2	전동기 단자대(4P)	PB1	푸시버턴 스위치(녹)
TB3	단자대(20P)	RL1,RL2	파일럿램프(적) 220V
FUSE	퓨즈 및 퓨즈홀더	YL	파일럿램프(황) 220V
T1.T2	타이머(8P) 220V	BZ	부저 220V
X1	릴레이(8P) 220V		
FR	플리커 릴레이(8)핀 220V		

작업과제명	제14과제: 타이머를 이용한 순차회로 배선하기	작업시간	4시간

[관계 지식]

1. 부품 이해

 1) 플리커 릴레이: 경보회로에 사용

전원부	(FR)	전원부 여자 시	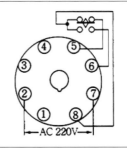	
한시 NO(a접점)		설정시간 간격으로 닫힘, 열림 을 반복		
한시 NC(b접점)				

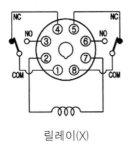

릴레이(X)

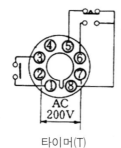

타이머(T)

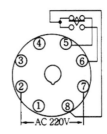

플리커 릴레이(FR)

2. 작업 순서

 1) 회로도의 심벌과 배치도의 부품 관계를 이해한다.

 2) 부품의 번호를 기입한다.

  - 릴레이 번호를 기입한다: 릴레이 내부 결선도 참조

  - 단자대 번호를 배정한다: 부품 위치를 고려

  - 번호가 없는 부품은 위치로써 작업 위치 구분 (1차 · 2차, 상 · 하, 좌 · 우)

 3) 작업 단위별로 작업한다.

3. 동작 검사

PB 0					
PB 1					
RL 1					
RL 2					
YL					
BZ					

T1   T2   F F F F

작업과제명	제15과제: 전동기 기동 정지회로 배선하기	작업시간	**4시간**

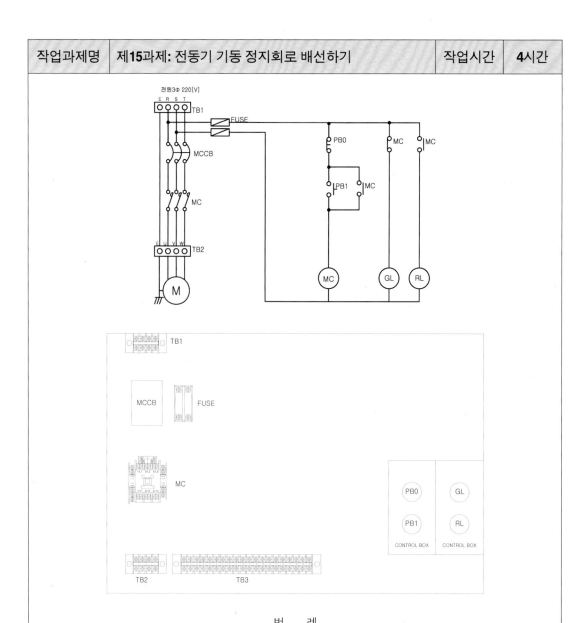

기호	명칭	기호	명칭
TB1	전원 단자대(4P)	PB1	푸시버턴 스위치(녹)
TB2	전동기 단자대(4P)	GL	파일럿램프(녹) 220V
TB3	단자대(20P)	RL	파일럿램프(적) 220V
FUSE	퓨즈 및 퓨즈홀더		
MCCB	배선용차단기(3P)		
MC	전자접촉기(5a2b) 220V		
PB0	푸시버턴 스위치(적)		

작업과제명	제15과제: 전동기 기동 정지회로 배선하기	작업시간	**4**시간

[관계 지식]

1. 부품 이해

 1) 마그네트 스위치(전자접촉기 MC : Magnetic Contactor)

전원부	A1 (MC) A2	전자석의 힘으로 접점 제어	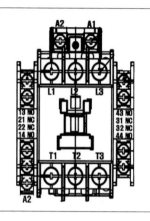	
주 접점	L1 L2 L3 / T1 T2 T3	전동기 운전. 정지		
보조 접점	21 13 31 43 / 22 14 32 44	제어회로 에서 사용됨		

2. 작업 순서

 1) 회로도의 심벌과 배치도의 부품 관계를 이해한다.
 2) 부품의 번호를 기입한다.
  - 릴레이 번호를 기입한다: 릴레이 내부 결선도 참조
  - 단자대 번호를 배정한다: 부품 위치를 고려
  - 번호가 없는 부품은 위치로써 작업 위치 구분 (1차 · 2차, 상 · 하, 좌 · 우)
 3) 작업 단위별로 작업한다.

3. 동작 검사

```
PB0  ////////////////////////////        ////////
PB1        ////
RL(=MC)
GL
```

4. 기타

 1) 주회로 2.5SQ 적색 단선 사용
 2) 보조회로 1.5SQ 황색 단선 사용
 3) 전동기의 용량에 따라 바뀌는 것 (주회로에 연결된 것)
    : TB1, TB2 단자대, MCCB, MC 용량, 주회로 전선의 굵기
 4) 전동기의 용량과 무관한 것 (보조회로에 연결된 것)
    : 보조회로의 굵기 및 표시등, 스위치등

작업과제명	제16과제: 전동기 기동 정지 보호회로 배선하기	작업시간	4시간

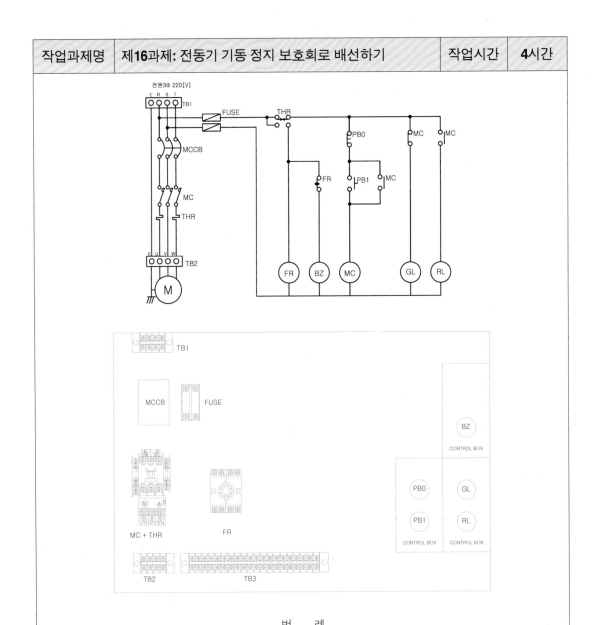

기호	명칭	기호	명칭
TB1	전원 단자대(4P)	FR	플리커 릴레이 220V
TB2	전동기 단자대(4P)	PB0	푸시버턴 스위치(적)
TB3	단자대(20P)	PB1	푸시버턴 스위치(녹)
FUSE	퓨즈 및 퓨즈홀더	BZ	부저
MCCB	배선용 차단기(3P)	GL	파일럿램프(녹) 220V
MC	전자접촉기(5a2b) 220V	RL	파일럿램프(적) 220V
THR	열동계전기(1a1b)		

작업과제명	제**16**과제: 전동기 기동 정지 보호회로 배선하기	작업시간	**4**시간

[관계 지식]

1. 부품 이해

 1) 열동형 과부하 계전기(THR : Thermal Overload Relay)

　① 용도: 과부하 시 회로를 차단하여 부하나 제어용 기계 기구를 보호한다.

　② 구성: 주회로 연결단자. 보조 접점(NO.NC)과 조작부(전류 조정 다이얼, 수동/자동 리셋 장치 및 트립 표시 장치)로 구성됨

　③ 주의: 검출부에서 과전류가 검출 시 바이메탈의 원리에 의하여 보조 접점이 동작하고 복귀는 수동으로 복귀하여야 한다.

주 접점	(1 3 5 / 2 4 6)	전동기로 흐르는 과전류검출	
보조 접점	(NC) 95 (NO) 97 / 96 (NC) 98 (NO)	제어회로 에서 사용됨	

2. 작업 순서

 1) 회로도의 심벌과 배치도의 부품 관계를 이해한다.

 2) 부품의 번호를 기입한다.

　- 릴레이 번호를 기입한다: 릴레이 내부 결선도 참조

　- 단자대 번호를 배정한다: 부품 위치를 고려

　- 번호가 없는 부품은 위치로써 작업 위치 구분 (1차 · 2차, 상 · 하, 좌 · 우)

 3) 작업 단위별로 작업한다.

3. 동작 검사

THR	
PB0	
PB1	
RL(=MC)	
GL	
BZ	

4. 기타

 1) MC(전자접촉기) + THR(열동계전기) = 전자개폐기

작업과제명	제17과제: 3상 유도전동기 인칭회로 배선하기	작업시간	4시간

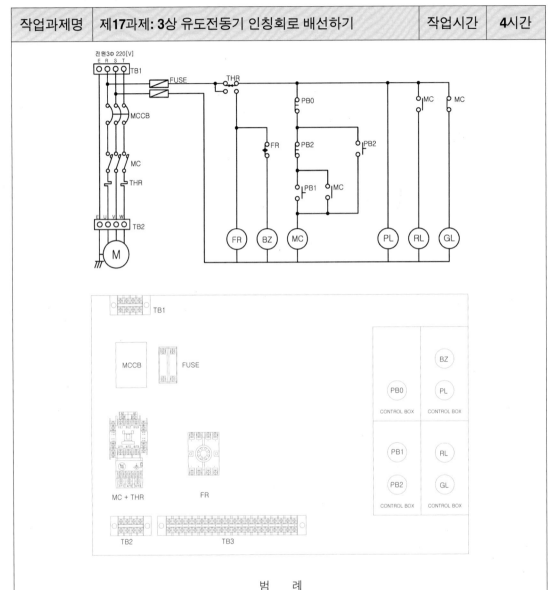

범 례

기호	명칭	기호	명칭
TB1	전원 단자대(4P)	PB0	푸시버턴 스위치(적) 정지용
TB2	전동기 단자대(4P)	PB1	푸시버턴 스위치(녹) 운전용
TB3	단자대(20P)	PB2	푸시버턴 스위치(백) 인칭용
FUSE	퓨즈 및 퓨즈홀더	BZ	부저
MCCB	배선용 차단기(3P)	PL	파일럿램프(백) 220V 전원 표시
MC	전자접촉기(5a2b) 220V	RL	파일럿램프(적) 220V 운전 표시
THR	열동계전기(1a1b)	GL	파일럿램프(녹) 220V 정지 표시

작업과제명	제17과제: **3상 유도전동기 인칭회로 배선하기**	작업시간	**4시간**

[관계 지식]

1. 부품 이해

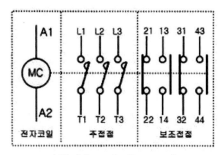
MC (Magnetic Contactor)

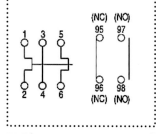
THR(Thermal Overload Relay)

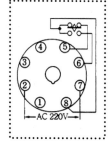
Flicker Relay

2. 작업순서
 1) 회로도의 심벌과 배치도의 부품 관계를 이해한다.
 2) 부품의 번호를 기입한다.
  - 릴레이 번호를 기입한다: 릴레이 내부 결선도 참조
  - 단자대 번호를 배정한다: 부품 위치를 고려
  - 번호가 없는 부품은 위치로써 작업 위치 구분 (1차·2차, 상·하, 좌·우)
 3) 작업 단위별로 작업한다.

3. 동작 검사
 1) 전원 투입(MCCB ON) PL(전원 표시등) 점등, GL(정지 표시등) 점등
 2) PB1 누르면 MC 여자, GL 소등, RL(운전 표시등) 점등, 놓아도 유지(자기 유지)
    PB0 누르면 MC 소자, RL(운전 표시등) 소등, GL(정지 표시등) 점등
 3) PB2 누르면 MC 여자, GL 소등, RL 점등, 놓으면 처음 상태로 복귀된다.
 4) THR 동작 시 FR 여자 BZ 반복동작, THR 복귀는 수동복귀

4. 기타
 1) 인칭(Inching): 기계의 순간 동작 운동을 얻기 위해 미소시간의 조작을 1회 반복해서 행하는
    것, 즉 운전 스위치를 누르고 있는 순간만 동작되고 놓으면 정지하는 것.
    (단위에서 제일 작은 단위 1Inch = 2.54cm)
 2) 인칭회로(Inching Circuit) = 촌동회로(寸動回路)
    • 1Inch = 2.54cm   • 1寸 = 3.03cm(한 자의 10분의 1)

작업과제명	제18과제: 3상 유도전동기 2개소 운전회로 배선하기	작업시간	4시간

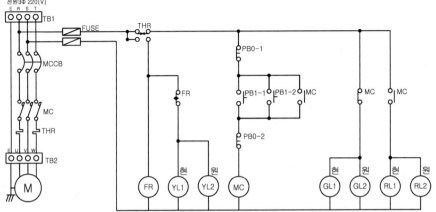

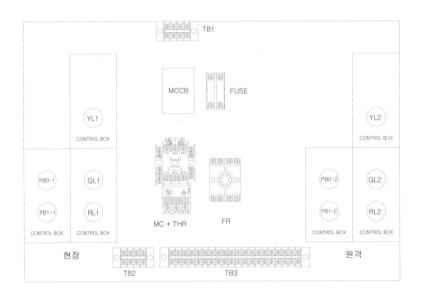

범 례

기호	명칭	기호	명칭
TB1	전원 단자대(4P)	PB0_1,PB0_2	푸시버턴 스위치(적) 정지용
TB2	전동기 단자대(4P)	PB1_1,PB1_2	푸시버턴 스위치(녹) 운전용
TB3	단자대(20P)	YL1, YL2	파일럿램프(황) 220V 전원 표시
FUSE	퓨즈 및 퓨즈홀더	RL1,RL2	파일럿램프(적) 220V 운전 표시
MCCB	배선용 차단기(3P)	GL1,GL2	파일럿램프(녹) 220V 정지 표시
MC	전자접촉기(5a2b) 220V		
THR	열동계전기(1a1b)		

작업과제명	제18과제: 3상 유도전동기 2개소 운전회로 배선하기	작업시간	4시간

[관계 지식]

1. 부품 이해

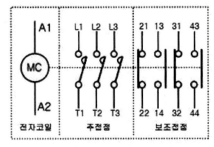

MC (Magnetic Contactor)

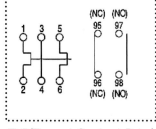

THR(Thermal Overload Relay)

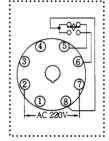

Flicker Relay

2. 작업 순서

1) 회로도의 심벌과 배치도의 부품 관계를 이해한다.

2) 부품의 번호를 기입한다.

 - 릴레이 번호를 기입한다: 릴레이 내부 결선도 참조

 - 단자대 번호를 배정한다: 부품 위치를 고려

 - 번호가 없는 부품은 위치로써 작업 위치 구분 (1차·2차, 상·하, 좌·우)

3) 작업 단위별로 작업한다.

3. 동작 검사

1) 전원 투입(MCCB ON) GL1, GL2 (정지 표시등) 점등

2) PB1_1 또는 PB1_2 둘 중 하나를 누르면 MC 여자(전동기 운전), GL1, GL2 소등, RL1, RL2 점등, 놓아도 운전 상태 유지(자기 유지)

3) PB0_1 또는 PB0_2 둘 중 하나를 누르면 MC 소자, RL1, RL2 소등, GL1, GL2 점등된다.

4) THR 동작 시 MC 소자(전동기 정지) FR 여자 YL1과 YL2 반복 동작

 THR 복귀는 수동 복귀

4. 기타

1) 현장 장비 중 장비에 부착된 스위치(현장 제어용)에 의하여 제어되거나 주요 감시 장소에서 해당 판넬을 제어하기 위한 별도 스위치(원방 제어용)에 의하여 제어할 수 있도록 시스템을 구성한다.

작업과제명	제19과제: 3상 유도전동기 한시 기동정지 회로배선	작업시간	4시간

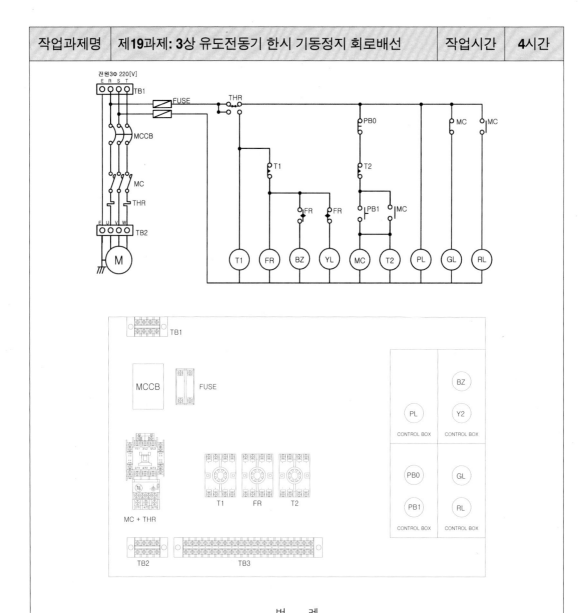

범 례

기호	명칭	기호	명칭
TB1	전원 단자대(4P)	T1, T2	타이머 릴레이(8P) 220V
TB2	전동기 단자대(4P)	FR	플리커 릴레이(8P) 220V
TB3	단자대(20P)	PB0	푸시버튼 스위치(적) 정지용
FUSE	퓨즈 및 퓨즈홀더	PB1	푸시버튼 스위치(녹) 운전용
MCCB	배선용 차단기(3P)	BZ	부저
MC	전자접촉기(5a2b) 220V	PL,YL,GL,RL	파일럿램프(백, 황, 녹, 적)
THR	열동계전기(1a1b)		

작업과제명	제19과제: 3상 유도전동기 한시 기동정지 회로배선	작업시간	4시간

[관계 지식]

1. 부품 이해

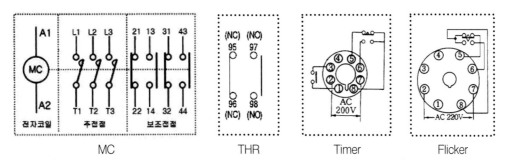

MC　　　　　THR　　　　　Timer　　　　　Flicker

2. 작업순서
   1) 회로도의 심벌과 배치도의 부품 관계를 이해한다.
   2) 부품의 번호를 기입한다.
   - 릴레이 번호를 기입한다: 릴레이 내부 결선도 참조
   - 단자대 번호를 배정한다: 부품 위치를 고려
   - 번호가 없는 부품은 위치로써 작업 위치 구분 (1차 · 2차, 상 · 하, 좌 · 우)
   3) 작업 단위별로 작업한다.

3. 동작 검사

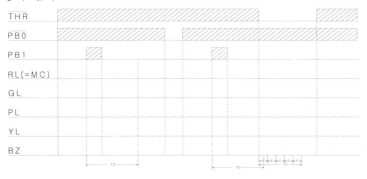

4. 기타(추가과제 제5과제 부저정지회로 참고)
   추가1) THR 동작 시(과전류 사고 발생 시) 경보 부저의 소리가 주의 환경에 좋지 않은 영향을
       미치는 경우나 다른 이유로 일정 시간 후에 BZ 회로를 차단하는 것이 바람직하게 판
       단되는 회로에 많이 활용된다. 이와 경보회로에서 일정 시간 이후 Bz만 정지시키고자
       (YL은 계속 점멸) 할 때 회로를 수정하여 그려보세요
   추가2) T1를 제거하고 X(8핀)릴레이와 PB2 스위치에 의하여 PB2 누르면 부저정지, YL 점등
       회로하는 회로를 그려보세요

작업과제명	제20과제: 3상 유도전동기 정·역운전 회로(선행 우선)	작업시간	4시간

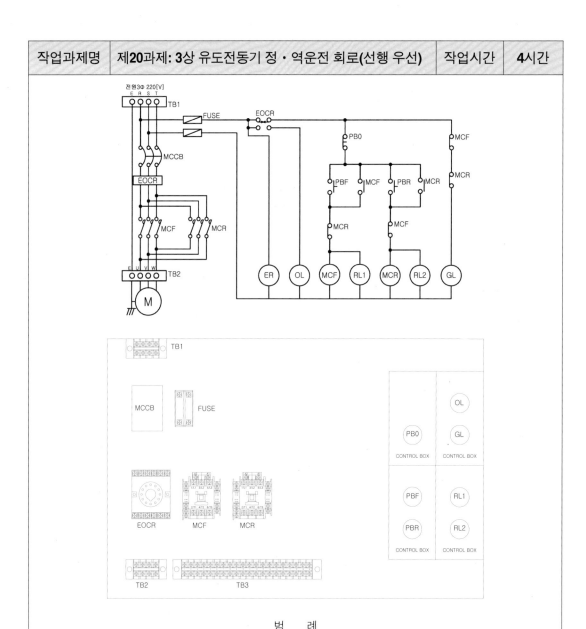

기호	명칭	기호	명칭
TB1	전원 단자대(4P)	PB0	푸시버턴 스위치(적) 정지용
TB2	전동기 단자대(4P)	PBF,PBR	푸시버턴 스위치(녹) 운전용
TB3	단자대(20P)	OL	파일럿램프(황) 220V
FUSE	퓨즈 및 퓨즈홀더	RL1,RL2	파일럿램프(적) 220V
MCCB	배선용 차단기(3P)	GL	파일럿램프(녹) 220V
EOCR	전자식과전류계전기		
MCF,MCR	전자접촉기(5a2b) 220V		

작업과제명	제20과제: 3상 유도전동기 정·역운전 회로(선행 우선)	작업시간	4시간

[관계 지식]

1. 부품 이해

 1) 전자식 과전류 계전기(EOCR : Electronic Over Current Relay)

  ① 용도: 과부하 시 회로를 차단하여 부하나 제어용 기계 기구를 보호한다.

  ② 구성: 주회로 연결단자. 보조 접점(NO.NC)과 조작부(트립 장치, 설정값, 동작시간 조정단자, 리셋 장치)로 구성됨.

  ③ 주의: 검출부에서 과전류가 검출 시 보조 접점이 동작하고 복귀는 수동으로 복귀한다.

전원부	6 12	전자식이므로 구동전원	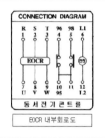	
주 접점	1,2,3 7,8,9	전동기 전류를 감지		
보조 접점	4,5 10(11)	제어회로에서 사용됨		

2. 동작 검사

EOCR	
PB0	
PBF	
PBR	
MCF(RL1)	
MCR(RL2)	
OL	

3. 기타

 1) 3상 유도전동기 정역 운전

  3상 유도전동기를 역회전시키려면 회전 자장의 방향을 반대로 하면 되므로 전자개폐기 2개를 사용하여 R S T 3단자 중 편리한 쪽의 임의의 두상을 서로 바꾸면 된다. 도면은 MCF는 R, S, T가 공급 정회전 운전되고 MCR 동작 시 S를 기준으로 R과 T상이 교체하여 결선되므로 역 방향으로 회전한다.

 2) 정역 운전 시 주의사항

  전자개폐기 2개가 동시에 여자되어 두 회로가 폐로되면 전원회로의 단락 사고가 발생하므로 두 전자개폐기 사이에 인터록(Interlock) 회로를 구성해야 한다.

작업과제명	제21과제: 3상 유도전동기 정·역운전 회로(후행 우선)	작업시간	4시간

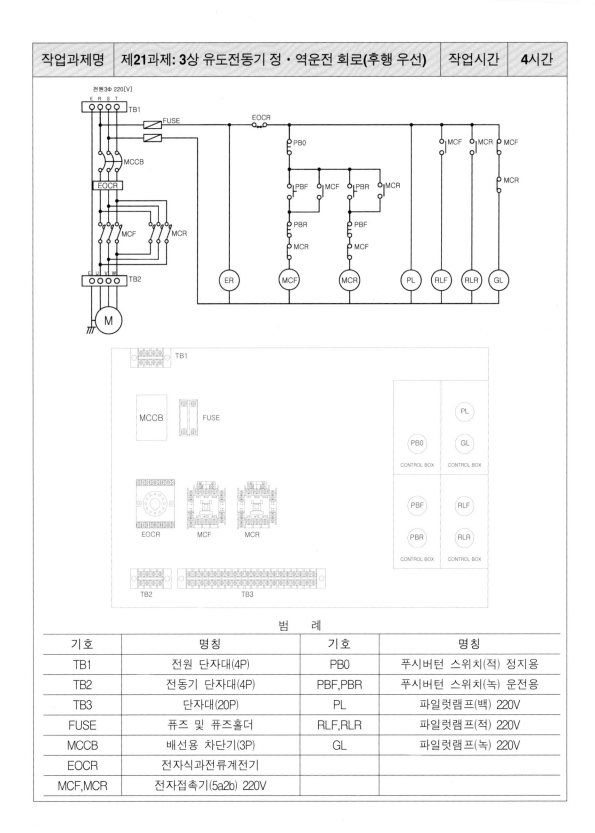

기호	명칭	기호	명칭
TB1	전원 단자대(4P)	PB0	푸시버턴 스위치(적) 정지용
TB2	전동기 단자대(4P)	PBF,PBR	푸시버턴 스위치(녹) 운전용
TB3	단자대(20P)	PL	파일럿램프(백) 220V
FUSE	퓨즈 및 퓨즈홀더	RLF,RLR	파일럿램프(적) 220V
MCCB	배선용 차단기(3P)	GL	파일럿램프(녹) 220V
EOCR	전자식과전류계전기		
MCF,MCR	전자접촉기(5a2b) 220V		

작업과제명	제21과제: 3상 유도전동기 정·역운전 회로(후행 우선)	작업시간	4시간

[관계 지식]

1. 부품 이해

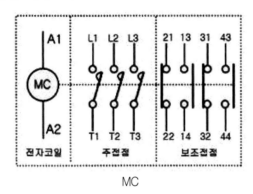

MC

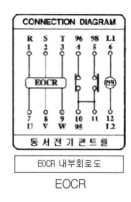

EOCR

2. 작업 순서

1) 회로도의 심벌과 배치도의 부품 관계를 이해한다.
2) 부품의 번호를 기입한다.
  - 릴레이 번호를 기입한다: 릴레이 내부 결선도 참조
  - 단자대 번호를 배정한다: 부품 위치를 고려
  - 번호가 없는 부품은 위치로써 작업 위치 구분 (1차·2차, 상·하, 좌·우)
3) 작업 단위별로 작업한다.

3. 동작 검사

| EOCR |
| PB0 |
| PBF |
| PBR |
| MCF(RL1) |
| MCR(RL2) |

4. 기타

1) 동시 투입 방지 기능인 인터록 회로가 적용되었는데, 이 회로에는 스위치에 의한 인터록 회로 (PBR,PBF)와 접점에 의한 인터록 회로(MCR, MCF)가 적용되었다.

작업과제명	제22과제: 3상 유도전동기 자동 정·역 운전회로(LS)	작업시간	4시간

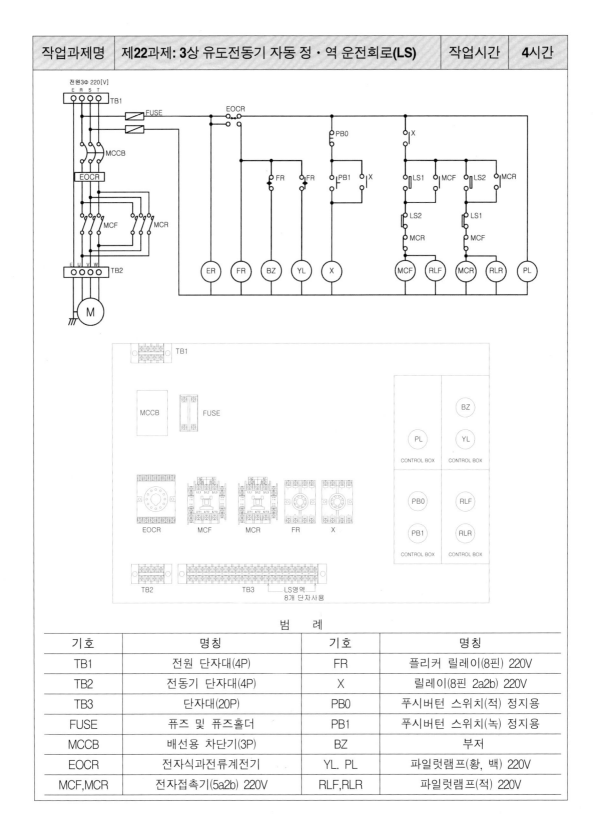

범 례

기호	명칭	기호	명칭
TB1	전원 단자대(4P)	FR	플리커 릴레이(8핀) 220V
TB2	전동기 단자대(4P)	X	릴레이(8핀 2a2b) 220V
TB3	단자대(20P)	PB0	푸시버턴 스위치(적) 정지용
FUSE	퓨즈 및 퓨즈홀더	PB1	푸시버턴 스위치(녹) 정지용
MCCB	배선용 차단기(3P)	BZ	부저
EOCR	전자식과전류계전기	YL. PL	파일럿램프(황, 백) 220V
MCF,MCR	전자접촉기(5a2b) 220V	RLF,RLR	파일럿램프(적) 220V

작업과제명	제**22**과제: **3상 유도전동기 자동 정 · 역 운전회로(LS)**	작업시간	**4시간**

[관계 지식]

1. 부품 이해

 1) 리밋스 위치(LS : Limit Switch)

   사전적 의미) 기계 또는 장치에 접합되어 전자회로를 바꾸는 파워 드라이브 기계, 장치의 어떤 부분 혹은 운동에 의해 작동하는 스위치

   일반적 의미) Limit Switch는 제한한 영역을 넘어가지 않도록 하기 위해 설치되는 스위치로 일반 사용되는 스위치와 그 원리가 똑같다고 보면 된다.

   다만 활용되는 용도가 일정 범위를 벗어나지 않게 하기 위함이기 때문에 리미트 스위치라고 부른다.

   (일반적으로 물체의 위치에 의하여 점점이 동작하는 스위치이다.)

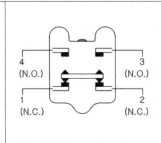

2. 동작 검사(초기조건: LS1 위치에 전동차를 둔다)

EOCR											
PB0											
PB1											
LS1-a											
LS2-a											
MCF(RLF)											
MCR(RLR)											
BZ											

3. 기타

 1) LS1과 LS2는 회로도상에는 존재하지만 배치도상에는 없다. 그것은 모터(M)와 동일하게 외부에 존재하는 제품이다. 외부에 존재하는 LS1과 LS2를 제어함과 연결하기 위해서는 8개의 단자가 필요하다. 8개의 단자는 다른 단자와 구분하여 적당히 제시된 부분으로 구분하여 사용하시면 된다.

작업과제명	제23과제: 3상 유도전동기 인칭 정·역 운전회로	작업시간	4시간

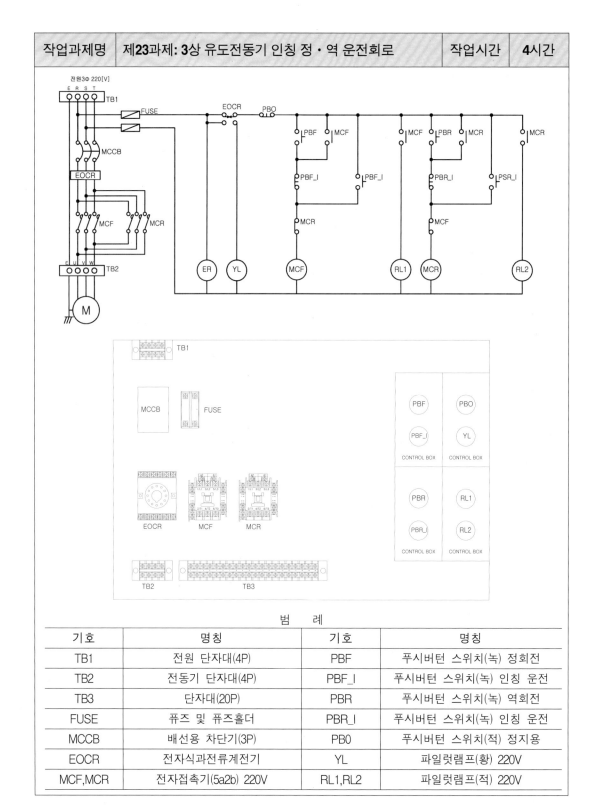

범 례

기호	명칭	기호	명칭
TB1	전원 단자대(4P)	PBF	푸시버튼 스위치(녹) 정회전
TB2	전동기 단자대(4P)	PBF_I	푸시버튼 스위치(녹) 인칭 운전
TB3	단자대(20P)	PBR	푸시버튼 스위치(녹) 역회전
FUSE	퓨즈 및 퓨즈홀더	PBR_I	푸시버튼 스위치(녹) 인칭 운전
MCCB	배선용 차단기(3P)	PB0	푸시버튼 스위치(적) 정지용
EOCR	전자식과전류계전기	YL	파일럿램프(황) 220V
MCF,MCR	전자접촉기(5a2b) 220V	RL1,RL2	파일럿램프(적) 220V

작업과제명	제23과제: 3상 유도전동기 인칭 정·역 운전회로	작업시간	4시간

[관계 지식]

1. 부품 이해

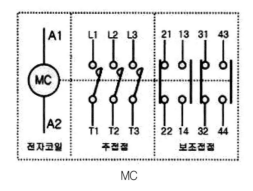

MC

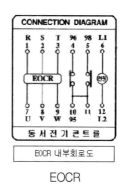

EOCR

2. 작업 순서
 1) 회로도의 심벌과 배치도의 부품 관계를 이해한다.
 2) 부품의 번호를 기입한다.
  - 릴레이 번호를 기입한다: 릴레이 내부 결선도 참조
  - 단자대 번호를 배정한다: 부품 위치를 고려
  - 번호가 없는 부품은 위치로써 작업 위치구분 (1차·2차, 상·하, 좌·우)
 3) 작업 단위별로 작업한다.

3. 동작 검사

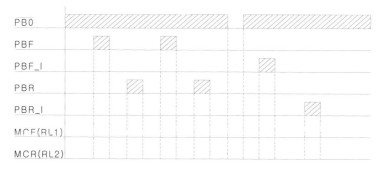

4. 기타

작업과제명	제24과제: 단상 유도전동기 정·역 운전회로	작업시간	4시간

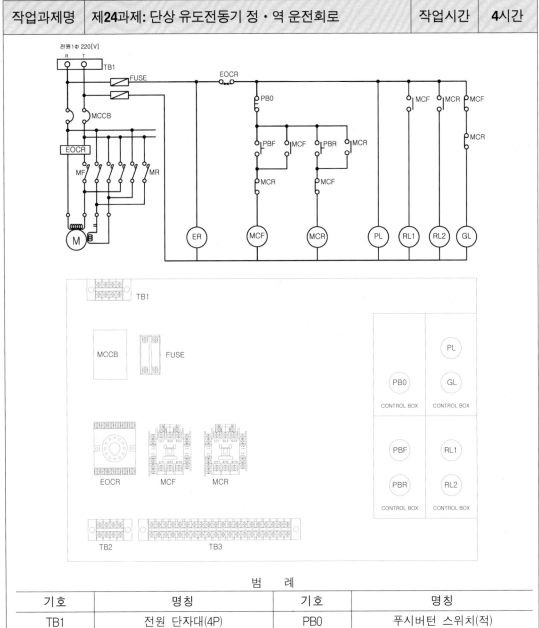

범 례

기호	명칭	기호	명칭
TB1	전원 단자대(4P)	PB0	푸시버튼 스위치(적)
TB2	전동기 단자대(4P)	PBF	푸시버튼 스위치(녹) 정회전
TB3	단자대(20P)	PBR	푸시버튼 스위치(녹) 역회전
FUSE	퓨즈 및 퓨즈홀더	PL	파일럿램프(백) 220V
MCCB	배선용 차단기(3P)	GL	파일럿램프(녹) 220V
EOCR	전자식과전류계전기	RL1,RL2	파일럿램프(적) 220V
MCF,MCR	전자접촉기(5a2b) (MF,MR)		

작업과제명	제24과제: 단상 유도전동기 정·역 운전회로	작업시간	4시간

[관계 지식]
1. 부품 이해

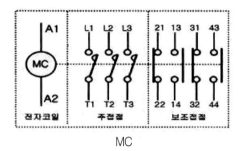

MC

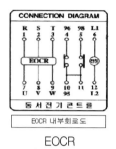

EOCR

2. 작업 순서
 1) 회로도의 심벌과 배치도의 부품 관계를 이해한다.
 2) 부품의 번호를 기입한다.
  - 릴레이 번호를 기입한다: 릴레이 내부 결선도 참조
  - 단자대 번호를 배정한다: 부품 위치를 고려
  - 번호가 없는 부품은 위치로써 작업 위치 구분 (1차·2차, 상·하, 좌·우)
 3) 작업 단위별로 작업한다.

3. 동작 검사
 1) 전원 투입 PL 점등(전원 표시등), GL 점등(정지 표시등)한다.
 2) PBF 누르면 MCF 여자(전동기 정회전), RL1 점등(정회전 표시등) 놓아도 운전 상태 유지
    PFR를 눌러도 변함없다(인터록 구성됨).
 3) PB0 누르면 처음 상태(1)로 돌아간다.
 4) PBR 누르면 MCR 여자(전동기 역회전), RL2 점등(역회전 표시등) 놓아도 운전 상태 유지
    PBF를 눌러도 변함없다(인터록 구성됨).
  5) PB0 누르면 처음 상태(1)로 돌아간다.

4. 기타
 1) 단상 유도전동기 정·역 운전회로
    전동기가 정·역 어느 방향으로 회전하는가의 문제는 자기장과 전류의 방향과의 관계로 결정
    되기 때문에 회전 방향을 바꾸려고 할 때는 자기장이나 전류 어느 한쪽의 방향을 바꾸면
    되므로 단상 유도전동기는 보조권선의 접속을 반대로 하면 된다
 2) 단상 유도전동기 주권선과 보조권선의 구분
    코일의 저항을 측정하여 저항값이 적은 것(굵은 코일)이 주권선, 큰 것(가는 코일)이 보조권
    선이다.

작업과제명	제25과제: 3상 유도전동기 Y-Δ 운전회로(2접촉식)	작업시간	4시간

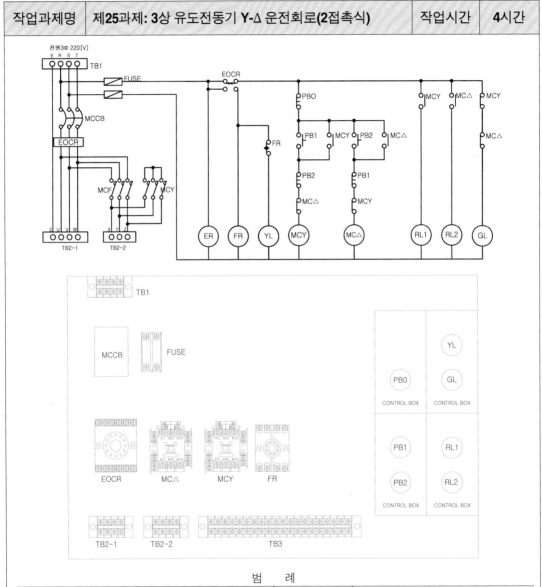

범 례

기호	명칭	기호	명칭
TB1	전원 단자대(4P)	FR	플리커릴레이(8P)220V
TB2-1,TB2-2	전동기 단자대(4P)	PB0	푸시버턴 스위치(적)
TB3	단자대(15P)	PB1	푸시버턴 스위치(녹) Y운전
FUSE	퓨즈 및 퓨즈홀더	PB2	푸시버턴 스위치(녹) Δ운전
MCCB	배선용 차단기(3P)	YL,GL,	파일럿램프(황,녹) 220V
EOCR	전자식과전류계전기	RL1,RL2	파일럿램프(적) 220V
MCΔ,MCY	전자접촉기(5a2b) MCΔ=MCD		

작업과제명	제25과제: 3상 유도전동기 Y-⊿ 운전회로(2접촉식)	작업시간	4시간

[관계 지식]

1. 부품 이해

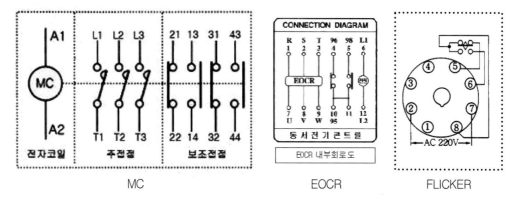

2. 동작 검사

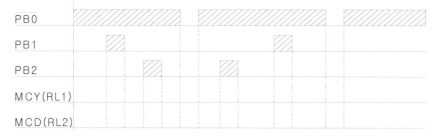

3. 기타

 1) 3상 유도전동기 Y-⊿ 운전회로

　　3상 유도전동기의 전전압 기동방식은 기동전류가 정격전류의 약 4~6배로 되어 계통에 전압 강하를 일으켜 다른 기기에도 큰 영향을 주므로 5~15KW 전동기는 기동전류를 줄이기 위하여 전동기의 권선을 Y결선으로 하여 기동하고 기동 후 ⊿결선으로 바꾸어 선간전압이 모두 가해져 정상 운전을 하는데 이를 Y-⊿ 기동이라고 한다.

　　Y권선 기동 시는 전전압 기동에 비해 선간전압은 $1/\sqrt{3}$ 이 가해지고 기동전류는 1/3로 감소되고, 기동토크도 1/3으로 기동되어 안전한 기동이 된다.

 2) 2접촉기식 Y-⊿ 기동법

　　전자개폐기를 2개 사용하는 방법으로 정지 중의 전동기에도 전압이 걸려 절연 열화 등의 우려가 있으므로 무부하 또는 경부하 시동이 가능한 공작기계, 펌프, 송풍기 등에 사용된다.

작업과제명	제26과제: 3상 유도전동기 Y-Δ 운전회로(3접촉식)	작업시간	4시간

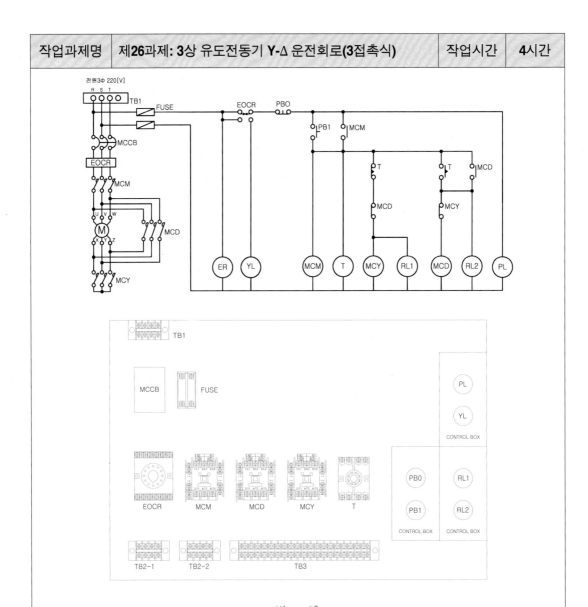

범 례

기호	명칭	기호	명칭
TB1	전원 단자대(4P)	T	타이머 릴레이(8P)220V
TB2-1,TB2-2	전동기 단자대(4P)	PB0	푸시버턴 스위치(적)
TB3	단자대(20P)	PB1	푸시버턴 스위치(녹)
FUSE	퓨즈 및 퓨즈홀더	YL	파일럿램프(황) 220V
MCCB	배선용 차단기(3P)	RL1,RL2	파일럿램프(적) 220V
EOCR	전자식과전류계전기	PL	파일럿램프(백) 220V
MCM,MCD,MCY	전자접촉기(5a2b) 220V		

작업과제명	제26과제: **3상 유도전동기 Y-⊿ 운전회로(3접촉식)**	작업시간	**4시간**

[관계 지식]

1. 부품 이해

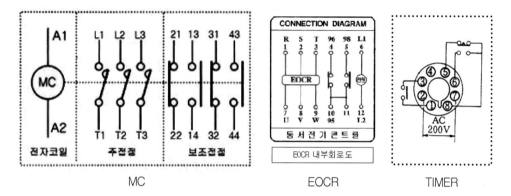

MC   EOCR   TIMER

2. 동작 검사

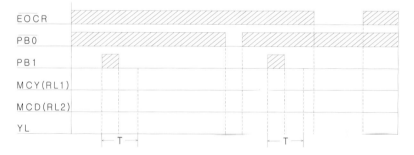

3. 기타

 1) 3상 유도전동기 Y-⊿ 운전회로

   3상 유도전동기의 전전압 기동방식은 기동전류가 정격전류의 약 4~6배로 되어 계통에 전압 강하를 일으켜 다른 기기에도 큰 영향을 주므로 5~15KW 전동기는 기동전류를 줄이기 위하여 전동기의 권선을 Y결선으로 하여 기동하고 기동 후 ⊿결선으로 바꾸어 선간전압이 모두 가해서 성상 운선을 하는데 이를 Y-⊿기동이라고 한다.

   Y권선 기동 시는 전전압 기동에 비해 선간전압은 $1/\sqrt{3}$ 이 가해지고 기동전류는 1/3로 감소되고, 기동토크도 1/3으로 기동되어 안전한 기동이 된다.

 2) 3접촉기식 Y-⊿기동법

   전자개폐기를 3개 사용하는 방법으로 가장 널리 사용되는 방법으로서 정지 중에는 전동기에 전압이 걸리지 않으므로 비상용 또는 휴지 기간이 매우 긴 부하에 사용된다.

작업과제명	제27과제: 1개의 **PBS**로 전동기 운전 정지 회로 구성	작업시간	**4시간**

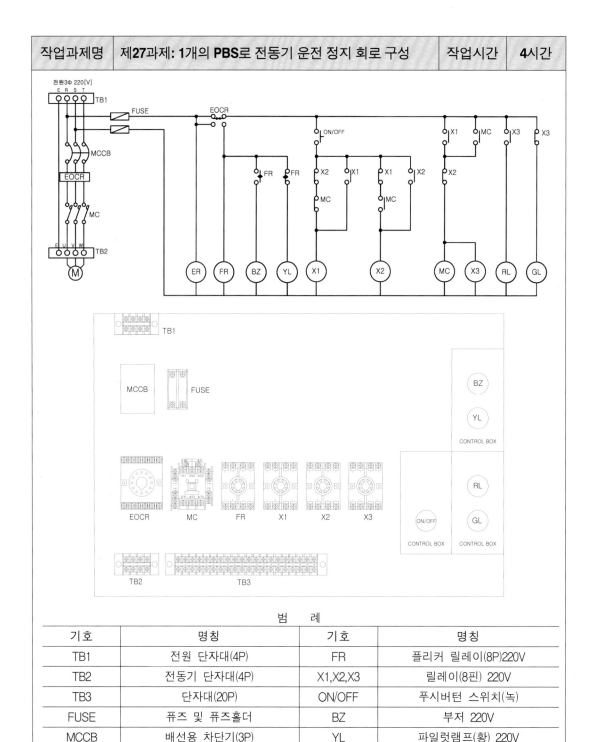

범 례

기호	명칭	기호	명칭
TB1	전원 단자대(4P)	FR	플리커 릴레이(8P)220V
TB2	전동기 단자대(4P)	X1,X2,X3	릴레이(8핀) 220V
TB3	단자대(20P)	ON/OFF	푸시버턴 스위치(녹)
FUSE	퓨즈 및 퓨즈홀더	BZ	부저 220V
MCCB	배선용 차단기(3P)	YL	파일럿램프(황) 220V
EOCR	전자식과전류계전기	RL	파일럿램프(적) 220V
MC	전자접촉기(5a2b) 220V	GL	파일럿램프(녹) 220V

작업과제명	제27과제: 1개의 **PBS**로 전동기 운전 정지 회로 구성	작업시간	4시간

[관계 지식]

1. 부품 이해

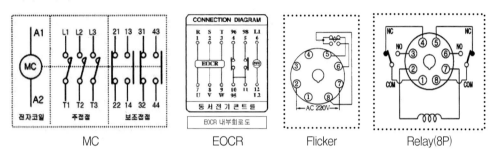

MC　　　　EOCR　　　　Flicker　　　　Relay(8P)

2. 동작 검사

　기본동작원리 : MC 소자상태→(ON/OFF) 누르면→(MC의 b접점을 통하여) X1 여자→MC 여자

　　　　　　　　MC 여자상태→(ON/OFF) 누르면→(MC의 a접점을 통하여) X2 여자→MC 소자

　　　　　　　　즉) X1 여자 시 운전, X2 여자 시 정지됨.

EOCR
ON/OFF
X1
X2
X3(MC)
RL
GL
YL
BZ

3. 동작 설명

　MC 정지 시 MC의 폐로된 b접점을 통하여 ON/OFF 스위치기 폐로되면 X1이 여자되고 X1의 NO 접점을 통하여 MC가 여자 -〉 MC의 b접점이 개로, a접점은 폐로된다.

　이때 폐로된 MC_a 접점을 통하여 X2가 바로 여자되지 않도록 X1, X2가 인터록되어 있다.(이 접점이 없으면 버튼을 누르고 있는 동안 운전 정지가 연쇄적으로 일어난다.) 그리고 버튼을 누르고 있는동안 X1, X2 중 하나의 릴레이만 안정적으로 동작하기 위하여 자기유지 접점을 사용하였다.[X1 여자(운전) 시 MC_b 접점개로 X1이 바로 소자될 수 있음]

작업과제명	제28과제: 계수회로 배선하기	작업시간	4시간

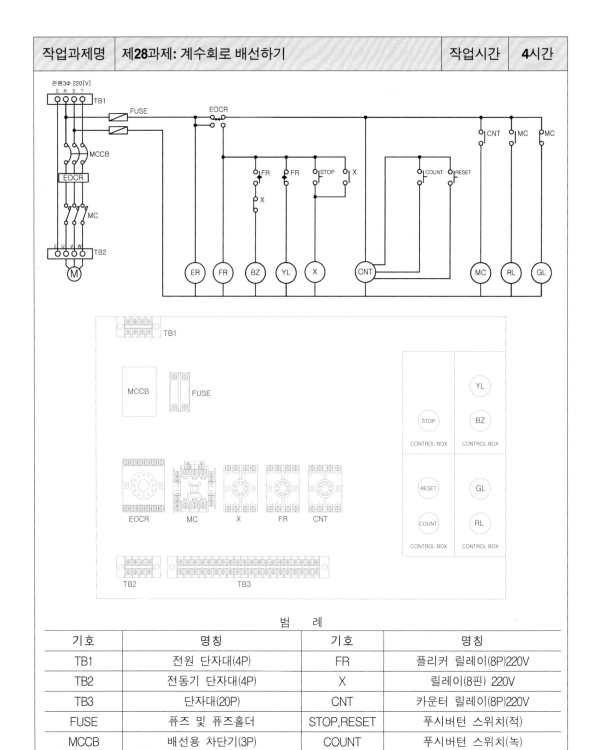

범 례

기호	명칭	기호	명칭
TB1	전원 단자대(4P)	FR	플리커 릴레이(8P)220V
TB2	전동기 단자대(4P)	X	릴레이(8핀) 220V
TB3	단자대(20P)	CNT	카운터 릴레이(8P)220V
FUSE	퓨즈 및 퓨즈홀더	STOP,RESET	푸시버턴 스위치(적)
MCCB	배선용 차단기(3P)	COUNT	푸시버턴 스위치(녹)
EOCR	전자식과전류계전기	BZ	부저 220V
MC	전자접촉기(5a2b) 220V	YL,GL,RL	파일럿램프(황,녹,적) 220V

작업과제명	제**28**과제: 계수회로 배선하기	작업시간	**4**시간

[관계 지식]

1. 부품 이해

 1) CNT(카운터)

 센서등의 입력 조건에 따라 입력 횟수를 카운터하고 설정값 이상의 입력값이 들어오면 접점을 변화시켜 다음 동작을 유발시키는 릴레이

전원부	2-7
접점부	8-6
COUNT IN	1-4
RESET	1-3
직류	1(0V)-5(12V)

2. 동작 검사

 1) 전원 투입 GL(정지 표시등) 점등

 2) CNT 릴레이의 설정치를 설정한 후 COUNT 버튼을 반복해서 누른다.

 설정치만큼 횟수가 되면 MC가 여자, 전동기 운전, GL 소등, RL 점등되며, 계속 COUNT 버튼을 누르면 CNT 릴레이 카운터 값은 계속 증가한다(동작 상태는 유지됨)

 3) RESET 버튼을 누르면 CNT 릴레이 카운터 값이 초기화되어 1)번 상태가 된다

 4) 과전류 계전기 동작 시 BZ와 YL이 교대 동작되며 STOP 버튼을 누르면 BZ만 정지된다..

3. 기타

 1) 공정상에 개수를 카운터하는 등의 목적으로 사용되는 릴레이

작업과제명	제29과제: 순차 제어회로 배선하기	작업시간	4시간

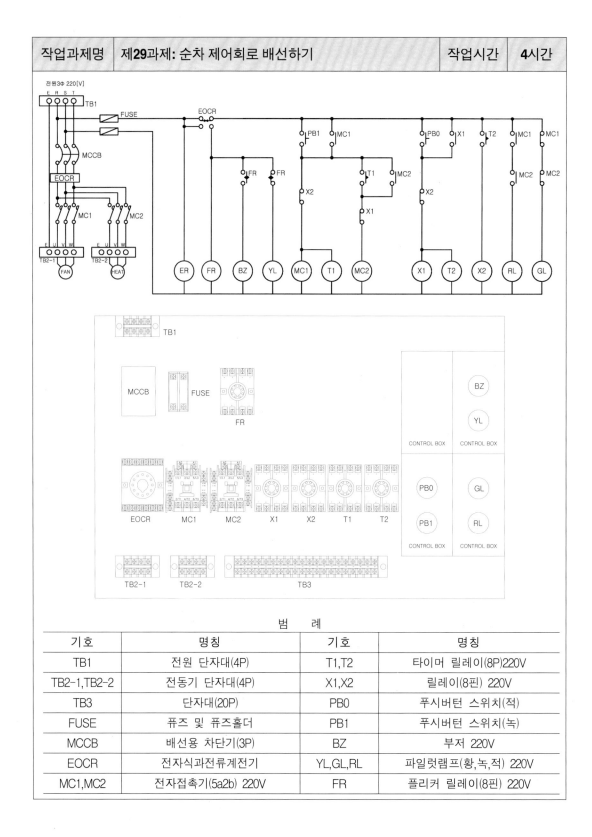

범　례

기호	명칭	기호	명칭
TB1	전원 단자대(4P)	T1,T2	타이머 릴레이(8P)220V
TB2-1,TB2-2	전동기 단자대(4P)	X1,X2	릴레이(8핀) 220V
TB3	단자대(20P)	PB0	푸시버턴 스위치(적)
FUSE	퓨즈 및 퓨즈홀더	PB1	푸시버턴 스위치(녹)
MCCB	배선용 차단기(3P)	BZ	부저 220V
EOCR	전자식과전류계전기	YL,GL,RL	파일럿램프(황,녹,적) 220V
MC1,MC2	전자접촉기(5a2b) 220V	FR	플리커 릴레이(8핀) 220V

작업과제명	제29과제: 순차 제어회로 배선하기	작업시간	4시간

[관계 지식]

1. 부품 이해

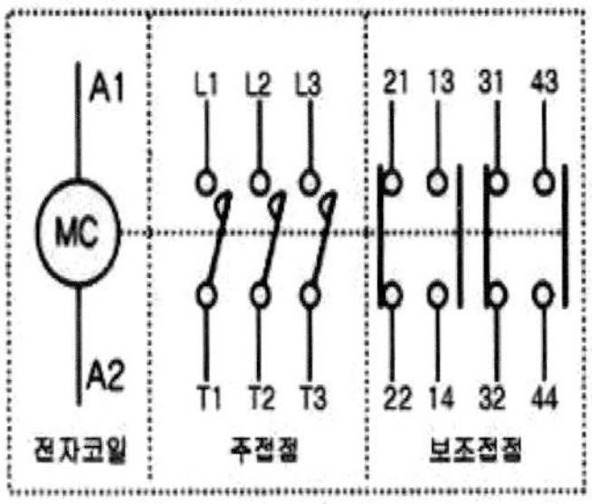

MC 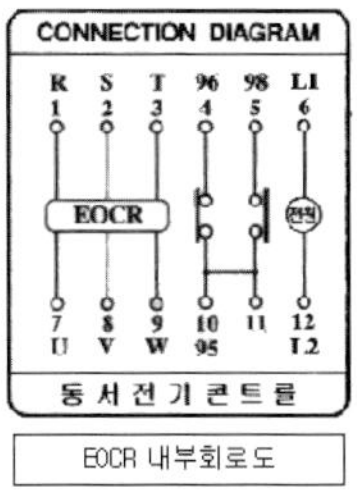   EOCR 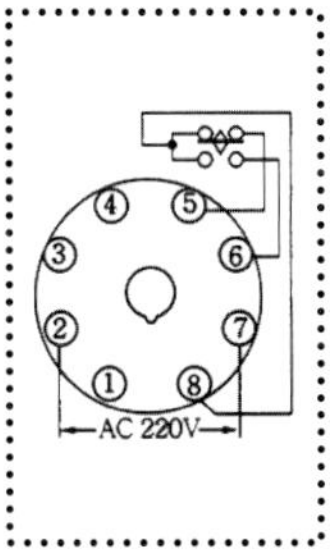   FLICKER 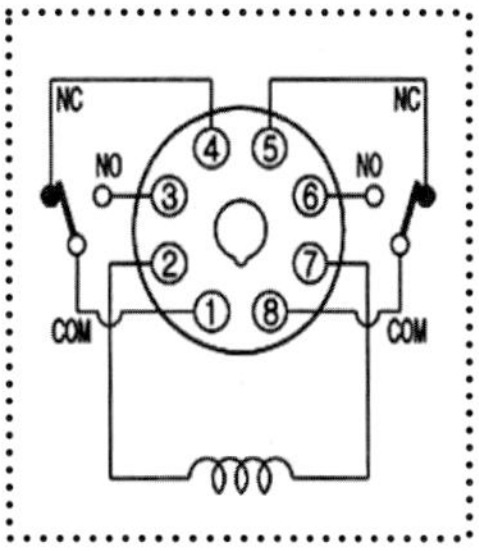   RELAY(8P)

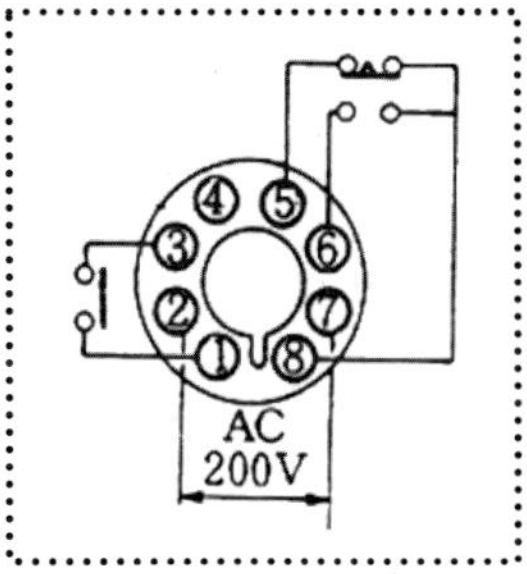

TIMER

2. 동작 검사

 1) 전원 투입 GL(정지 표시등) 점등

 2) PB1 누르면 MC1 여자, T1 설정시간 후 MC2 여자된다

   PB0 누르면 MC2 소자, T2 설정시간 후 MC1 소자된다

 3) 과전류 계전기 동작시 BZ와 YL이 교대 점멸 동작된다.

3. 기타

 1) 이용 장소 : 두 개의 기계가 같이 동작이 이루어지지만 안전상의 이유로 A 기기가 먼저 동작
   되고 B 기기가 나중 동작되며, 정지 시에는 B 기기가 먼저 정지되고 A 기기가 나중에 정지되
   는 형태의 제어 동작에 사용된다.

 2) 대형 열풍기에서 히팅되기 전에 송풍이 먼저 이루어지고 히팅이 이루어지며, 정지 시 히팅기
   가 먼저 정지하고 송풍기가 정지된다.(과열로 화재 발생 방지)

작업과제명	제30과제: Y-Δ기동 및 정·역 운전회로 배선하기	작업시간	**4시간**

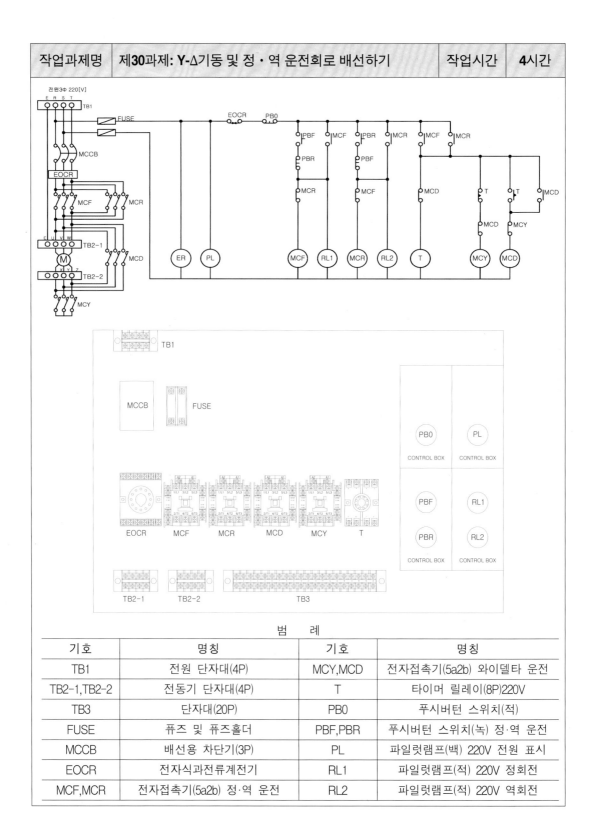

범 례

기호	명칭	기호	명칭
TB1	전원 단자대(4P)	MCY,MCD	전자접촉기(5a2b) 와이델타 운전
TB2-1,TB2-2	전동기 단자대(4P)	T	타이머 릴레이(8P)220V
TB3	단자대(20P)	PB0	푸시버튼 스위치(적)
FUSE	퓨즈 및 퓨즈홀더	PBF,PBR	푸시버튼 스위치(녹) 정·역 운전
MCCB	배선용 차단기(3P)	PL	파일럿램프(백) 220V 전원 표시
EOCR	전자식과전류계전기	RL1	파일럿램프(적) 220V 정회전
MCF,MCR	전자접촉기(5a2b) 정·역 운전	RL2	파일럿램프(적) 220V 역회전

작업과제명	제30과제: Y-⊿기동 및 정·역 운전회로 배선하기	작업시간	4시간

[관계 지식]

1. 부품 이해

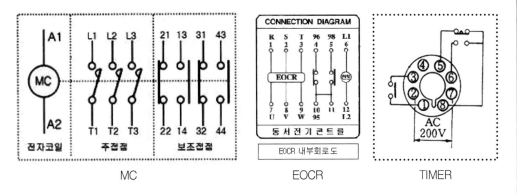

MC	EOCR	TIMER

2. 작업 순서

 1) 회로도의 심벌과 배치도의 부품 관계를 이해한다.

 2) 부품의 번호를 기입한다.

  - 릴레이 번호를 기입한다: 릴레이 내부 결선도 참조

  - 단자대 번호를 배정한다: 부품 위치를 고려

  - 번호가 없는 부품은 위치로써 작업 위치 구분 (1차·2차, 상·하, 좌·우)

 3) 작업 단위별로 작업한다.

3. 동작 검사

 1) 전원 투입 EOCR 진원 표시등 점등, PL(선원 표시등)섬능

 2) PBF 누르면 MCF 여자, RL1 점등, MCY 여자, T(타이머) 여자 : 전동기 정회전 Y기동
   설정시간(T초) 후 MCY 소자, MCD 여자 T(타이머) 소자 : 전동기 정회전 ⊿운전

 3) PBR 누르면 동작 변화없다(인터록됨), 단 PBF를 누르는 동안에는 RL2 점등됨.

 4) PB0누른 후

   PBR 누르면 MCR 여자, RL2 짐등, MCY 여사, T(타이머) 여자 : 전동기 역회전 Y기동
   설정시간(T초) 후 MCY 소자, MCD 여자 T(타이머) 소자 : 전동기 역회전 ⊿운전

4. 기타

제5장
시퀀스 제어회로 실습하기[연선]

학습 목표

자동 제어에서 중요한 부분을 차지하고 있는 시퀀스 제어의 도면을 이해하고 기계기구를 사용하여 해당 도면의 전기회로를 구성할 수 있으며, 현장에서 사용하는 연선작업을 통하여 실무에 가까운 실습을 할 수 있다.

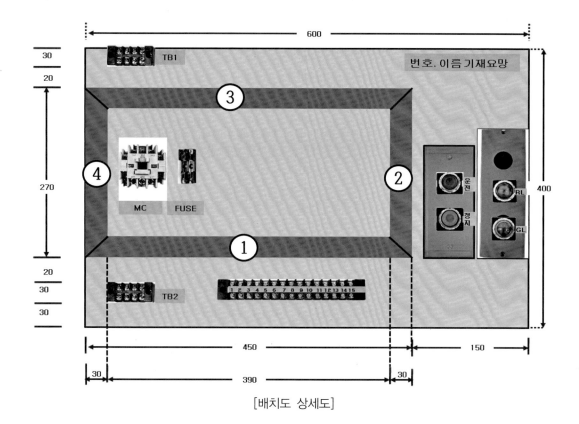

[배치도 상세도]

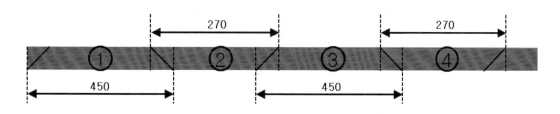

[덕트 작업도 1,350 필요]

작업과제명	제1과제: 자기유지회로(OFF 우선)	작업시간	4시간

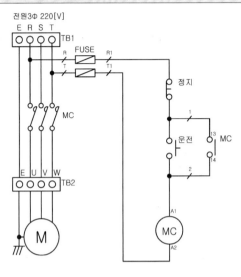

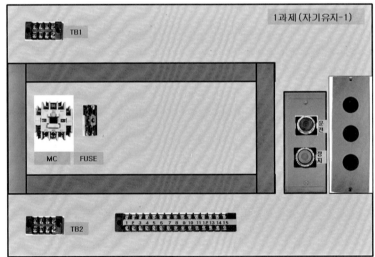

범 례

기호	명칭	기호	명칭
TB1	전원 단자대(4P)		
TB2	전동기 단자대(4P)		
TB3	단자대(15P)		
FUSE	퓨즈 및 퓨즈홀더		
MC	전자접촉기(5a2b)		
운전	푸시버턴 스위치(녹)		
정지	푸시버턴 스위치(적)		

작업과제명	제1과제: 자기유지회로(OFF 우선)	작업시간	4시간

[관계 지식]

1. 부품 이해

 1) 전자접촉기(Electromagnetic Contactor)

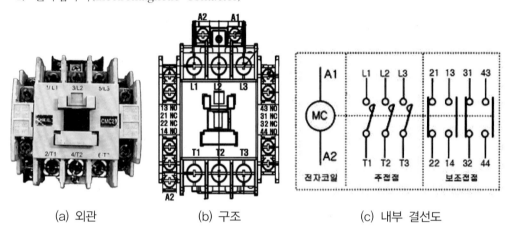

(a) 외관   (b) 구조   (c) 내부 결선도

2. 작업 순서

 1) 회로도를 숙지한다.

  (도면상 구성요소와 실제 부품의 구성요소를 대응시킨다.)

 2) 회로도상의 부품의 사용번호를 부여한다.

  (마그네트. 릴레이 등 내부 결선도를 참조하여 번호 부여)

 3) 작업번호를 부여하고 푸시버턴, 램프 등과 같은 요소는 작업번호를 부품의 번호로 인식하면서 선번호로 사용 (단자대 번호도 같이 사용한다.)

3. 동작 검사

정지				
운전				
MC				

4. 기타

 1) 주회로는 2.5SQ 적색, 접지선은 2.5SQ 녹색, 제어회로는 1.5SQ 황색 전선으로 작업한다.

작업과제명	제2과제: 자기유지회로(ON 우선)	작업시간	4시간

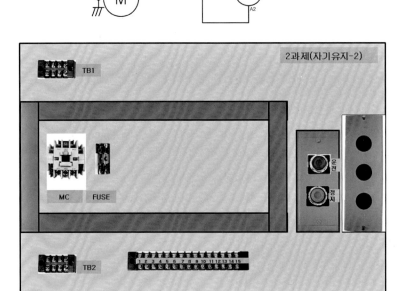

기호	명칭	기호	명칭
TB1	전원 단자대(4P)		
TB2	전동기 단자대(4P)		
TB3	단자대(15P)		
FUSE	퓨즈 및 퓨즈홀더		
MC	전자접촉기(5a2b)		
운전	푸시버턴 스위치(녹)		
정지	푸시버턴 스위치(적)		

작업과제명	제2과제: 자기유지회로(ON 우선)	작업시간	4시간

[관계 지식]

1. 부품 이해

1) 전자접촉기(Electromagnetic Contactor)

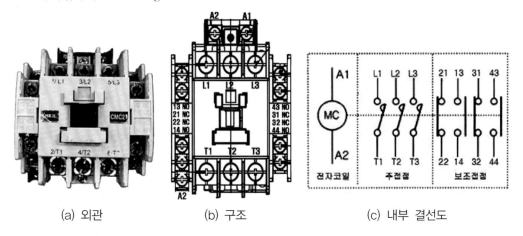

(a) 외관　　　　　　　(b) 구조　　　　　　　(c) 내부 결선도

2. 작업 순서

1) 회로도를 숙지한다.
   (도면상 구성요소와 실제 부품의 구성요소를 대응시킨다.)
2) 회로도상의 부품의 사용번호를 부여한다.
   (마그네트, 릴레이 등 내부결선도를 참조하여 번호 부여)
3) 작업번호를 부여하고 푸시버턴, 램프 등과 같은 요소는 작업번호를 부품의 번호로 인식하면서 선번호로 사용 (단자대번호도 같이 사용힌다.)

3. 동작 검사

정지						
운전						
MC						

4. 기타

1) 주회로는 2.5SQ 적색, 접지선은 2.5SQ 녹색, 제어회로는 1.5SQ 황색 전선으로 작업한다.

작업과제명	제3과제: THR 보호회로	작업시간	4시간

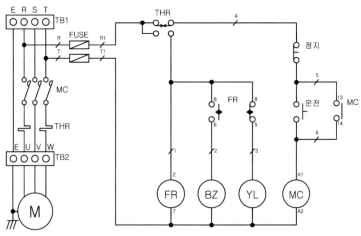

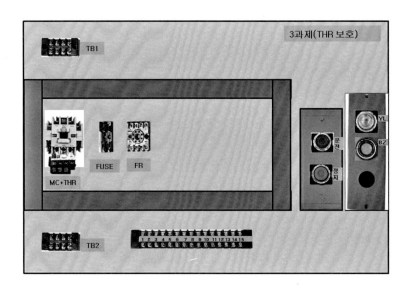

범 례

기호	명칭	기호	명칭
TB1	전원 단자대(4P)	THR	열동 계전기(1a1b)
TB2	전동기 단자대(4P)	FR	플리커 릴레이 220V
TB3	단자대(15P)	BZ	부저 (220V) 경보 표시
FUSE	퓨즈 및 퓨즈홀더	YL	파일럿램프(황) 220V 경보 표시
MC	전자접촉기(5a2b)		
운전	푸시버턴 스위치(녹)		
정지	푸시버턴 스위치(적)		

작업과제명	제3과제: **THR** 보호회로	작업시간	**4**시간

[관계 지식]

1. 부품 이해

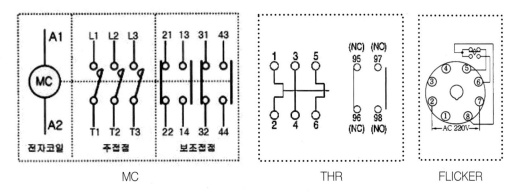

2. 작업 순서

 1) 회로도를 숙지한다.

　　(도면상 구성요소와 실제 부품의 구성요소를 대응시킨다.)

 2) 회로도상의 부품의 사용번호를 부여한다.

　　(마그네트, 릴레이 등 내부 결선도를 참조하여 번호 부여)

 3) 작업번호를 부여하고 푸시버턴, 램프 등과 같은 요소는 작업번호를 부품의 번호로 인식하면서 선번호로 사용 (단자대번호도 같이 사용한다.)

3. 동작 검사

THR-b				
정지				
운전				
MC				
YL				
BZ				

작업과제명	제4과제: 한시동작회로	작업시간	4시간

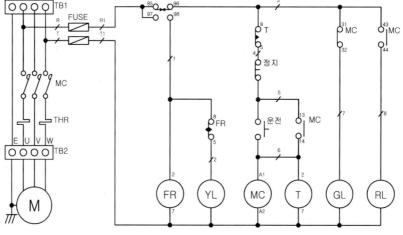

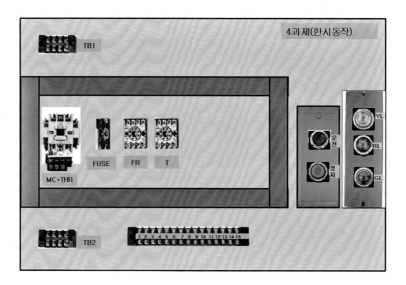

4과제(한시동작)

범 례

기호	명칭	기호	명칭
TB1	전원 단자대(4P)	T	타이머 릴레이 220V
TB2	전동기 단자대(4P)	운전	푸시버튼 스위치(녹)
TB3	단자대(15P)	정지	푸시버튼 스위치(적)
FUSE	퓨즈 및 퓨즈홀더	YL,GL,RL	파일럿램프(황,녹,적)
MC	전자접촉기(5a2b)		
THR	열동 계전기(1a1b)		
FR	플리커 릴레이 220V		

작업과제명	제4과제: 한시동작회로	작업시간	**4**시간

[관계 지식]

1. 부품 이해

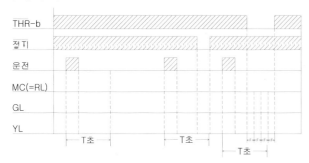

MC　　　　　THR　　　　　TIMER　　　　　FLICKER

타이머 릴레이

2. 작업 순서

1) 회로도의 심벌과 배치도의 부품 관계를 이해한다.
2) 부품의 번호를 기입한다.
 - 릴레이 번호를 기입한다: 릴레이 내부 결선도 참조
 - 단자대 번호를 배정한다: 부품 위치를 고려
 - 번호가 없는 부품은 위치로써 작업 위치구분 (1차 · 2차, 상 · 하, 좌 · 우)
3) 작업 단위별로 작업한다.

3. 동작 검사

THR-b

절T

운전

MC(=RL)

GL

YL

├─T초─┤　　　├─T초─┤　　├─T초─┤

4. 기타

작업과제명	제5과제: 전동기 촌동회로 배선하기	작업시간	4시간

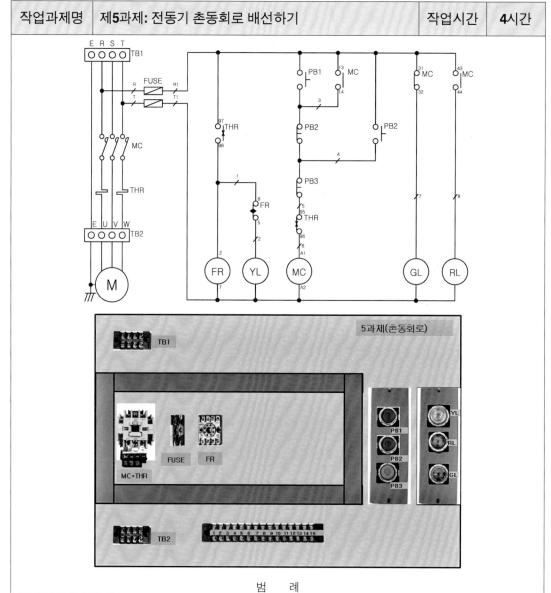

범 례

기호	명칭	기호	명칭
TB1	전원 단자대(4P)	PB1	푸시버턴 스위치(녹) 운전용
TB2	전동기 단자대(4P)	PB2	푸시버턴 스위치(녹) 촌동용
TB3	단자대(15P)	PB3	푸시버턴 스위치(적) 정지용
FUSE	퓨즈 및 퓨즈홀더	YL,RL,GL	파일럿램프(황,적,녹) 220V
MC	전자접촉기(5a2b)		
THR	열동 계전기(1a1b)		
FR	플리커 릴레이 220V		

작업과제명	**제5과제: 전동기 촌동회로 배선하기**	작업시간	**4**시간

[관계 지식]

1. 부품 이해

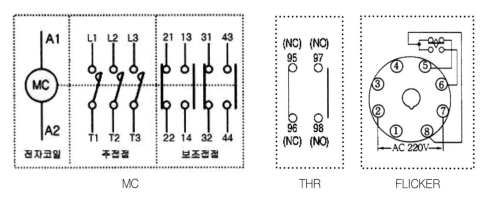

MC   THR   FLICKER

2. 작업 순서

 1) 회로도의 심벌과 배치도의 부품 관계를 이해한다.

 2) 부품의 번호를 기입한다.

  - 릴레이 번호를 기입한다: 릴레이 내부 결선도 참조

  - 단자대 번호를 배정한다: 부품 위치를 고려

  - 번호가 없는 부품은 위치로써 작업 위치 구분 (1차 · 2차, 상 · 하, 좌 · 우)

 3) 작업 단위별로 작업한다.

3. 동작 검사

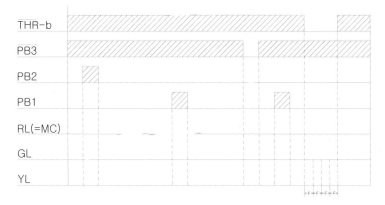

4. 기타

작업과제명	제6과제: 자동 · 수동 선택 운전회로	작업시간	4시간

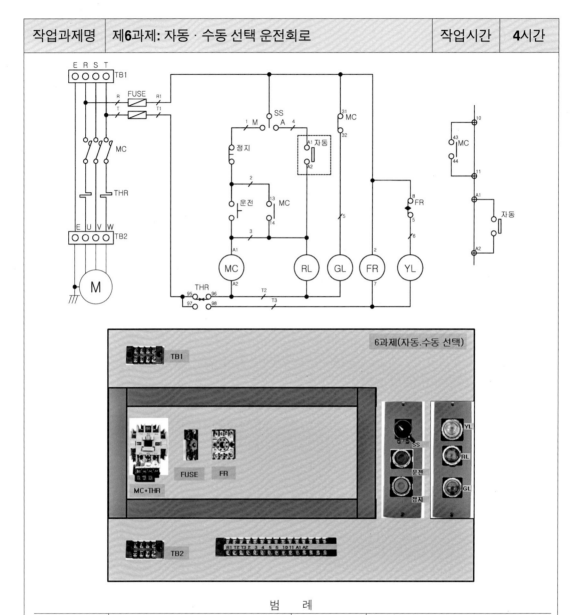

범 례

기호	명칭	기호	명칭
TB1	전원 단자대(4P)	SS	선택 스위치(11시 M, 1시A)
TB2	전동기 단자대(4P)	운전	푸시버튼 스위치(녹) 운용용
TB3	단자대(15P)	정지	푸시버튼 스위치(적) 정지용
FUSE	퓨즈 및 퓨즈홀더	YL,RL,GL	파일럿램프(황, 적, 녹) 220V
MC	전자접촉기(5a2b)	자동(AUTO)	외부단자대 사용(외부 제어)
THR	열동 계전기(1a1b)		
FR	플리커 릴레이 220V		

작업과제명	제6과제: 자동 · 수동 선택 운전회로	작업시간	**4**시간

[관계 지식]

1. 부품 이해

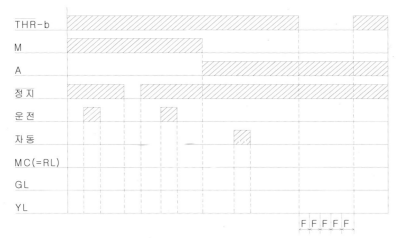

| | MC | | THR | FLICKER | 셀렉터 스위치 |

M : Manual　　　A : Auto

2. 동작 검사(타임 차트)

| THR-b |
| M |
| A |
| 정지 |
| 운전 |
| 자동 |
| MC(=RL) |
| GL |
| YL |

F F F F F

3. 기타

　1) 셀렉터 스위치 · 11시 방향에서 M(Manual), 1시 방향에서 A(Auto) 상태가 되게 한다.

　　　　　　　즉) 셀렉터 스위치가 11시 방향에서 시퀀스 내부 접점은 SS와 M 사이가 폐로되어 정지 스위치 방향으로 전원 공급이 된다.

　2) 시퀀스상에 점선 안의 소자는 제어판 내부에 존재하지 않고 외부에 존재하는 소자로써 내부와 연결 시 A1, A2 단자를 이용하여 연결된다는 의미이다.

　3) MC의 43번, 44번 접점에서 인출된 제어선은 제어판 내부 소자와 연결되지 않고 외부로 인출된다는 의미이고 10번, 11번 단자를 통하여 인출된다는 뜻이다.

작업과제명	제7과제: 배수 제어회로 배선하기	작업시간	4시간

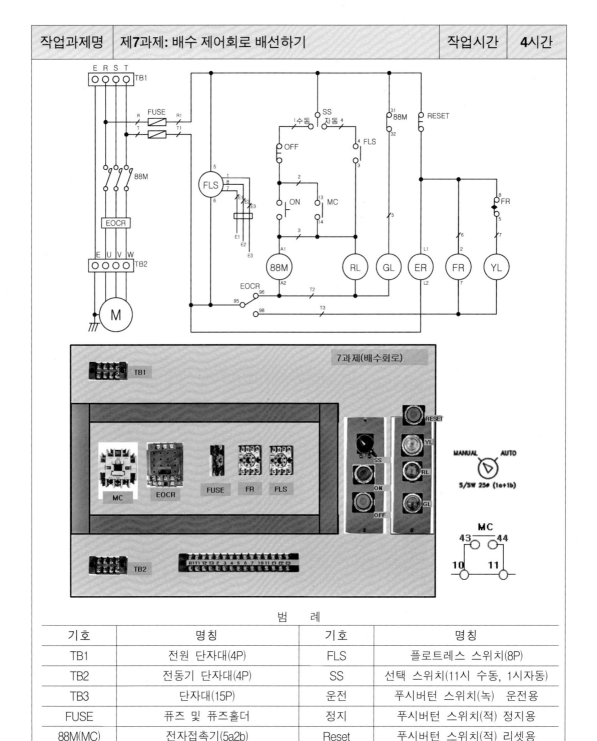

범 례

기호	명칭	기호	명칭
TB1	전원 단자대(4P)	FLS	플로트레스 스위치(8P)
TB2	전동기 단자대(4P)	SS	선택 스위치(11시 수동, 1시자동)
TB3	단자대(15P)	운전	푸시버턴 스위치(녹) 운전용
FUSE	퓨즈 및 퓨즈홀더	정지	푸시버턴 스위치(적) 정지용
88M(MC)	전자접촉기(5a2b)	Reset	푸시버턴 스위치(적) 리셋용
EOCR	전자식과전류계전기(14P)	YL,RL,GL	파일럿램프(황,적,녹) 220V
FR	플리커 릴레이 220V		

작업과제명	제7과제: 배수 제어회로 배선하기	작업시간	4시간

[관계 지식]

1. 부품 이해

　　1) 플로트레스 스위치(Floatless Switch)

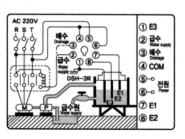

　　　　(a) 플로트레스 스위치　　　　　　(b) 내부 회로

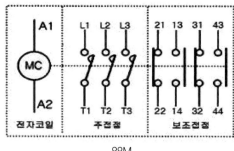

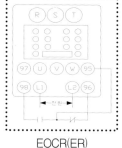

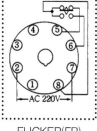

　　　　　　　88M　　　　　　　　　　EOCR(ER)　　　　　FLICKER(FR)

2. 동작 검사(타임 차트)

EOCR-b

수 동

자 동

OFF

ON

FLS

MC(=RL)

GL

YL

F F F F F

3. 기타

　　1) E1, E2, E3 접점은 제어함에 있는 것이 아니고 외부(물탱크 내부)에 있으므로 제어판 단자대
　　　를 통하여 제어회로와 연결한다.

　　2) 배수접점(4-3) 이용 시 물의 위치가 E1에서 폐로(배수펌프 동작), E2에서 개로(배수펌프 정지)

작업과제명	제8과제: 온도 제어회로 배선하기(저온 창고용)	작업시간	4시간

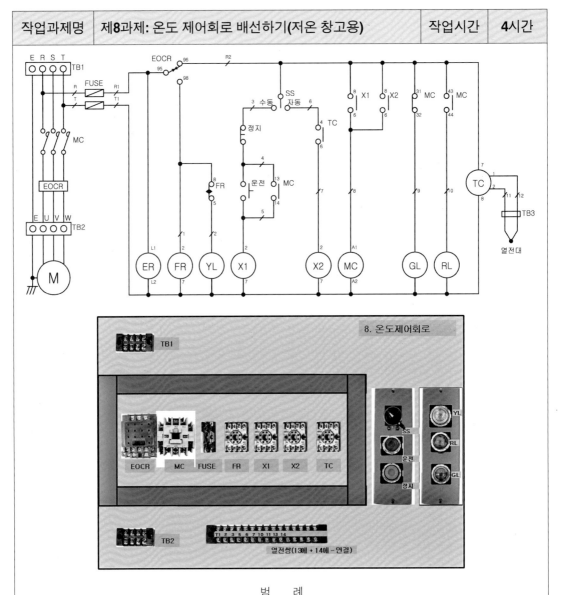

8. 온도제어회로

범 례

기호	명칭	기호	명칭
TB1	전원 단자대(4P)	X1,X2	8P 릴레이(2a2b)
TB2	전동기 단자대(4P)	TC	온도 릴레이(8P)
TB3	단자대(15P)	SS	선택 스위치(11시 수동, 1시 자동)
FUSE	퓨즈 및 퓨즈홀더	운전	푸시버턴 스위치(녹) 운전용
MC	전자접촉기(5a2b)	정지	푸시버턴 스위치(적) 정지용
EOCR	전자식과전류계전기(14P)	YL,RL,GL	파일럿램프(황,적,녹) 220V
FR	플리커 릴레이 220V		

작업과제명	제8과제: 온도 제어회로 배선하기(저온 창고용)	작업시간	4시간

[관계 지식]

1. 부품 이해

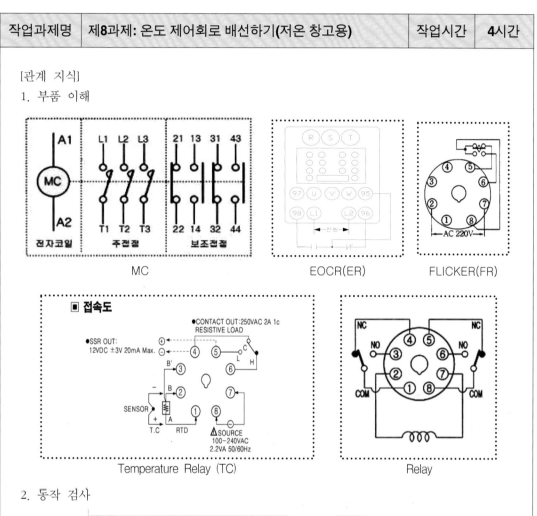

MC   EOCR(ER)   FLICKER(FR)

Temperature Relay (TC)   Relay

2. 동작 검사

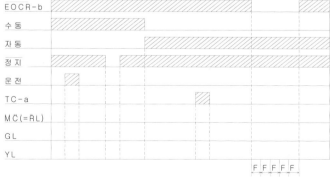

3. 온도센서의 접점 상태를 예측하기가 어렵다. (사용 온도센서는 역동작형을 사용하였다)

역동작 시는 설정치보다 낮을 때 출력을 ON(NO 폐로, NC개로) 높으면 (NO 개로, NC 폐로)

정동작 시는 설정치보다 높을 때 출력을 ON(NO 폐로, NC개로) 낮으면 (NO 개로, NC 폐로)

작업과제명	제9과제: 자동, 수동 반복운전회로		작업시간	**4**시간

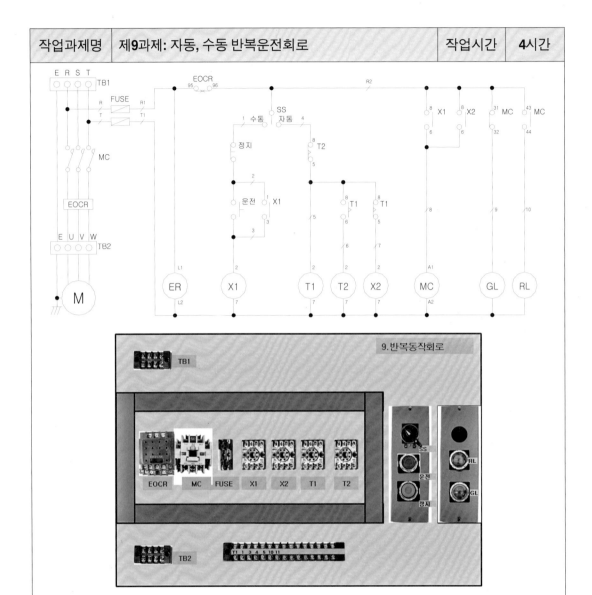

범 례

기호	명칭	기호	명칭
TB1	전원 단자대(4P)	X1,X2	8P 릴레이(2a2b)
TB2	전동기 단자대(4P)	SS	선택스위치(11시 수동, 1시 자동)
TB3	단자대(15P)	운전	푸시버턴 스위치(녹) 운전용
FUSE	퓨즈 및 퓨즈홀더	정지	푸시버턴 스위치(적) 정지용
MC	전자접촉기(5a2b)	RL,GL	파일럿램프(적,녹) 220V
EOCR	전자식과전류계전기(14P)		
T1,T2	타이머 릴레이 220V		

작업과제명	제9과제: 자동, 수동 반복운전회로	작업시간	**4**시간

[관계 지식]

1.부품 이해

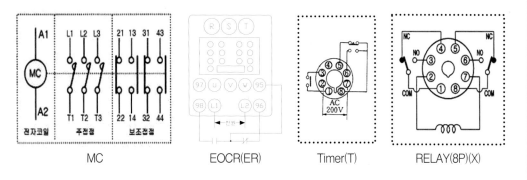

| MC | EOCR(ER) | Timer(T) | RELAY(8P)(X) |

2. 작업 순서

1) 회로도의 심벌과 배치도의 부품관 계를 이해한다.

2) 부품의 번호를 기입한다.

 - 릴레이 번호를 기입한다: 릴레이 내부 결선도 참조

 - 단자대 번호를 배정한다: 부품 위치를 고려

 - 번호가 없는 부품은 위치로써 작업 위치 구분 (1차 · 2차, 상 · 하, 좌 · 우)

3) 작업 단위별로 작업한다.

3. 동작 검사

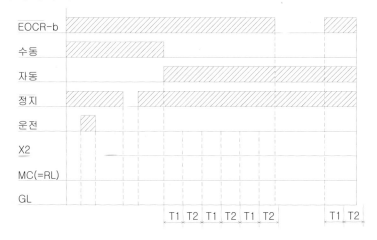

작업과제명	제10과제: 카운터회로 배선하기(센서 이용)	작업시간	4시간

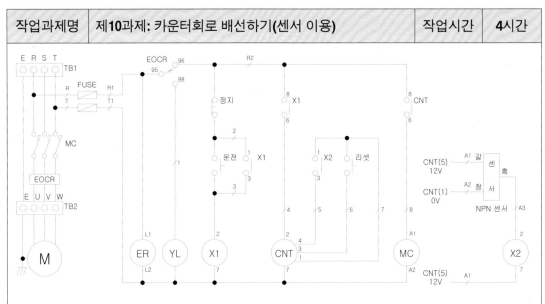

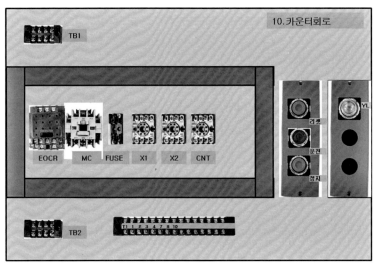

범 례

기호	명칭	기호	명칭
TB1	전원 단자대(4P)	X1	8P 릴레이(2a2b) AC220V
TB2	전동기 단자대(4P)	X2	8P 릴레이(2a2b) DC12V
TB3	단자대(15P)	리셋	푸시버턴 스위치(적) 리셋용
FUSE	퓨즈 및 퓨즈홀더	운전	푸시버턴 스위치(녹) 운전용
MC	전자접촉기(5a2b)	정지	푸시버턴 스위치(적) 정지용
EOCR	전자식과전류계전기(14P)	YL	파일럿램프(황) 220V
CNT	카운터 릴레이 220V		

작업과제명	제10과제: 카운터회로 배선하기(센서이용)	작업시간	4시간

[관계 지식]

1. 부품 이해

MC

A1
L1 L2 L3
21 13 31 43
MC
T1 T2 T3
22 14 32 44
A2
전자코일   주접점   보조접점

EOCR

R S T
97 U V W 95
98 L1 L2 96
전원

Relay

NC ④ ⑤ NC
NO ③ ⑥ NO
② ⑦
COM ① ⑧ COM

Counter

+12VDC, 50mA
COUNT INPUT   NO
④ ⑤
③ ⑥
RESET   COM
② ⑦
① ⑧
GND
90~240VAC

X1릴레이와
X2릴레이는 동일한
8핀 타입을
사용하였지만
사용하는 전원부의
사용 전원이 다르다.
X1은 AC220V 릴레이
X2는 DC 12V 릴레이

PNP센서 사용 시

CNT(5) 12V   갈 센
CNT(1) 0V   청 서
PNP 센서
X2
CNT(1) 0V

2. 작업 순서   1) 회로도의 심벌과 배치도의 부품 관계를 이해한다.
            2) 부품의 번호를 기입한다.
            3) 작업 단위별로 작업한다.

3. 동작 검사 : 설정값은 3으로 설정

| EOCR-b |
| 정 지 |
| 운 전 |
| 센 서 (=X2) |
| 리 셋 |
| X1 |
| M C |
| Y L |

4. 센서 연결방법은 40페이지를 참고 하세요

작업과제명	제11과제: 전동기 정역 운전회로		작업시간	4시간

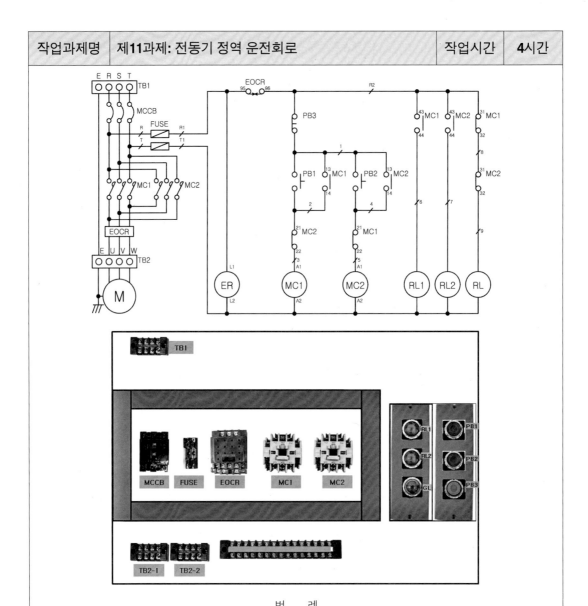

범 례

기호	명칭	기호	명칭
TB1	전원 단자대(4P)	PB1	푸시버턴 스위치(녹) 정회전용
TB2-1, TB2-2	전동기 단자대(4P)	PB2	푸시버턴 스위치(녹) 역회전용
TB3	단자대(15P)	PB3	푸시버턴 스위치(적) 정지용
MCCB	배선용차단기	RL1,RL2	파일럿램프(적) 220V
FUSE	퓨즈 및 퓨즈홀더	GL	파일럿램프(녹) 220V
EOCR	전자식과전류계전기(14P)		
MC1,MC2	전자접촉기(5a2b)		

작업과제명	제**11**과제: 전동기 정역 운전회로	작업시간	**4**시간

[관계 지식]

1. 부품 이해

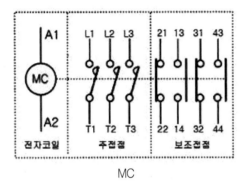

MC

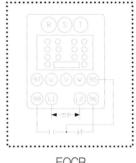

EOCR

2. 작업 순서

 1) 회로도의 심벌과 배치도의 부품 관계를 이해한다.
 2) 부품의 번호를 기입한다.
  - 릴레이 번호를 기입한다: 릴레이 내부 결선도 참조
  - 단자대 번호를 배정한다: 부품 위치를 고려
  - 번호가 없는 부품은 위치로써 작업 위치 구분 (1차 · 2차, 상 · 하, 좌 · 우)
  3) 작업 단위별로 작업한다.

3. 동작 검사

EOCR-b						
PB3						
PB2						
PB1						
RL1						
RL2						
GL						

4. 기타

제6장
내선공사 실기 과제(8과제)

학습 목표

내선공사 실기 과제를 통하여 시퀀스 회로를 보다 정확하게 이해할 수 있다.
또한, 내선공사 실기 과제를 통하여 전기기능사 실기 시험에도 많은 도움이 될 것으로
확신한다.

1. 부품 이해하기
    가. 외부 소자 이해하기
    나. 릴레이
    다. 기타 사용 부품
2. 기준 문제로 기준 잡기
    가. 도면 이해하기
    나. 제어판 제작하기
    다. 배관작업
    라. 입선작업 및 결선작업
    마. 회로 검사
    바. 시험 준비 사항
3. 연습 과제 3가지로 실력 다지기
    과제 1. 내선공사 실습 과제 1 (급·배수 처리 장치)
    과제 2. 내선공사 실습 과제 2 (자동온도 조절 제어회로)
    과제 3. 내선공사 실습 과제 3 (전동기 제어회로)
4. 전기기능사 실기 공개 도면 18개 중 4가지로 시험 대비하기
    과제 1. 전기기능사 실기 공개 도면 1 (1/18) (FLS 릴레이 이용)
    과제 2. 전기기능사 실기 공개 도면 2 (2/18) (FLS 릴레이 이용)
    과제 3. 전기기능사 실기 공개 도면 3 (10/18) (LS 사용)
    과제 4. 전기기능사 실기 공개 도면 4 (11/18) (LS 사용)

    ※ 제작 과정은 유튜브 "전기야놀자이창우"에서 확인하세요.

1 부품 이해하기

가. 외부 소자 이해하기

1) 푸시 버튼(PB)

① 사진

   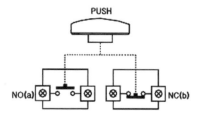

② 설명

　　○ 용도: 손가락의 누르는 힘에 의해 접점이 동작함.

　　○ 구성: NO 접점(A 접점, 열린 접점), NC 접점(B 접점, 닫힌 접점)으로 구성되어 있음.

　　　- A 접점(NO. Normal Open): 상시 개로(보통 상태: 개로, 누른 상태: 폐로)

　　　- B 접점(NC. Normal Close): 상시 폐로(보통 상태: 폐로, 누른 상태: 개로)

　　　- C 접점(Change-Over)　　　: A접점과 B접점이 공유

　　○ 구분: 푸시 버튼 내 연결 단자 사이에 NO, NC라고 기재되어 있음.

　　　녹색: 기동, 적색: 정지, 비상정지, 황색: 리셋 등의 색상별 용도를 구분하여 사용

③ 참고

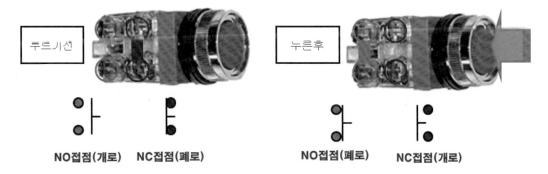

2) 셀렉타 스위치(SS)

① 사진

② 설명

○ 용도: 조작을 가하면 반대 조작이 있을 때까지 조작 접점을 유지함.

○ 구성: 유지형 스위치로서 운전/정지, 자동/수동, 연동/단동 등과 같이 조작 방법의 절환 스위치로 사용된다.

○ 구분: 일반적으로 11시 방향(반시계 방향), 1시 방향(시계 방향)으로 조작을 표시하며 1시 방향(시계 방향)이 일반적으로 운전, 자동, 연동 등의 조작으로 사용됨.

③ 참고

시계 방향의 조작 시 위쪽 접점 두 개가 붙는 경우가 있고, 제품의 종류에 따라 아래쪽 접점 두 개가 붙는 경우가 있다. 반드시 접점을 확인한 후 사용하기 바랍니다.

3) 램프(L)

① 사진:

② 설명

○ 용도: 회로의 동작 상태 및 고장 등을 구별하기 위하여 색상을 구분하여 사용

○ 구성: 백색(WL.PL): 전원 표시, 적색(RL): 운전 표시, 녹색(GL): 정지 표시, 등색(OL) 황색(YL): 고장 표시

4) 부저(BZ)

① 사진:

② 설명

　　○ 용도: 회로의 고장 등 경보의 청각적 신호로 시각적 신호인 황색 램프와 함께 사용됨.

나. 릴레이

1) 8핀 릴레이

① 사진　　　　　

② 설명

　　○ 용도: 전자계전기라고도 하며 논리회로를 구성하는 주역으로서 전자석의 원리에 의해 접점을 개폐함.

　　　　"여러 개의 릴레이를 조합시켜서 판단 기능을 갖는 논리회로를 만들수 있다."

　　○ 구성: NO 접점(A 접점, 열린 접점), NC 접점(B 접점, 닫힌접점), 전원부

　　　　즉 접점과 이를 동작시키는 전원부로 구성되어 있음.

　　○ 구분: 릴레이 접점을 동작시키는 전원부(코일)은 제작 시 사용 전압이 정해져 있음.

　　　　이를 확인하여 사용 전압에 맞는 릴레이를 사용할 것.

　　　　(실제 접점도 허용 전압과 허용 전류가 있음)

③ 참고

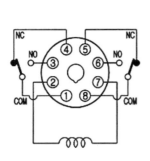

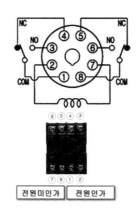

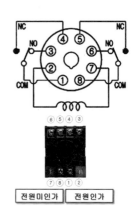

2) 11핀 릴레이

① 사진

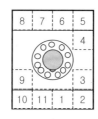

두 종류의 베이스가 있음.

② 설명

　　○ 용도, 구성, 구분은 8핀 릴레이와 동일하나 접점이 3C로 구성됨(8핀 2C).

③ 참고

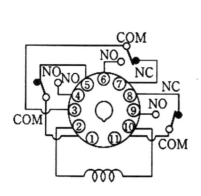

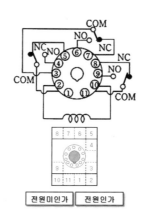

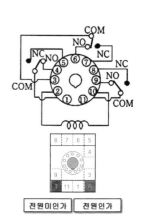

3) 14핀 릴레이

  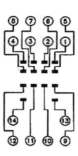

① 사진

② 설명

　　○ 용도, 구성, 구분은 8핀, 11핀 릴레이와 동일하나 접점이 4C로 구성됨(8핀 2C, 11핀 3C).

　　○ 릴레이 내부 결선도상의 번호와 실제 단자대 번호는 좌우 대칭 관계임.

③ 참고

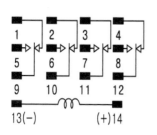 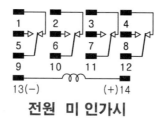 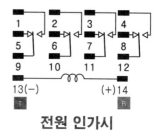

전원 미 인가시　　　　　　전원 인가시

4) 타이머

  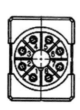 

① 사진

② 설명

　　○ 용도: POWER ON DELAY 타이머

　　○ 구성: 전원부와 접점부[순시(1a).한시 동작(1c)]으로 구성

　　○ 주의: 종류별로 순시. 한시 접점의 개수가 다르므로 필요한 접점을 카달로그를 참조하여 사용

③ 참고

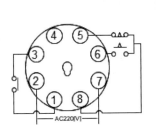
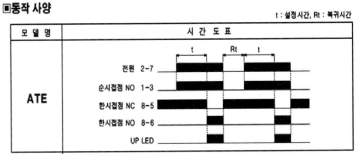

■동작 사양

t : 설정시간, Rt : 복귀시간

모 델 명	시 간 도 표
ATE	전원 2-7 / 순시접점 NO 1-3 / 한시접점 NC 8-5 / 한시접점 NO 8-6 / UP LED

5) 플리커 릴레이

① 사진

    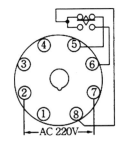

② 설명

ㅇ 용도: 전원이 투입되면 a 접점과 b 접점이 교대 점멸(경보회로에 주로 사용)

ㅇ 구성: 전원부와 접점부[한시 동작, 한시 복귀(1c)]로 구성

ㅇ 주의: 종류별로 순시, 한시 접점의 개수가 다르므로 필요한 접점을 카달로그를 참조
하여 사용

6) 플로트레스 스위치(액면 제어기, 레벨 콘트롤라)

① 사진

② 설명

ㅇ 용도: 일정 수위 제어

ㅇ 구성: 전원부, 전극 스위치, 접점부

○ 주의: 입력 전원은 220[V]이고 전극 전압(2차 전압)은 8[V]로 동작

전극 스위치 E3 단자는 반드시 접지하여 사용한다.

※ 수험자가 4-3, 4-2 중 사용 접점을 명확하게 이해 못 하는 경우는 반드시

감독에게 질의하여 명확하게 한 후 작업한다.

③ 참고

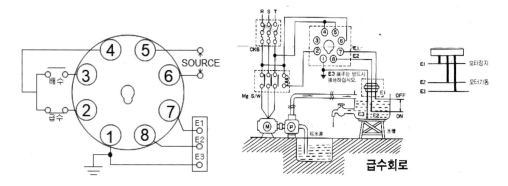

7) 온도 릴레이

① 사진

② 설명

○ 용도: 온도의 값을 일정하게 유지하고자 할때 사용

○ 구성: 전원부, 온도 센서, 접점부, 출력(SSR, 전류, 전송)

○ 주의: 사용 온도 릴레이 종류에 따라 부착하는 온도 센서의 종류가 다르므로 확인 요망.

온도 센서[가. 백금측온저항체(RTD), 나. 열전대(T,C)(K(CA),J(IC),R(PR) 등),

다. 서미스터]

※ 수험자가 4-5, 4-6 중 사용 접점을 명확하게 이해 못 하는 경우는 반드시

감독에게 질의하여 명확하게 한 후 작업한다.

③ 참고

■ **접속도**

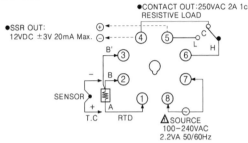
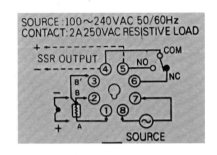

정 · 역 동작

역동작은 지시치가 설정치보다 낮을 때는 출력을 ON 하는 동작을 말하며 가열 시에
는 역동작으로써 사용합니다.

정동작은 이것과는 반대로 동작을 행하며 냉각의 경우에 사용합니다.

본 제품은 역동작으로 동작합니다.

8) POWER RELAY

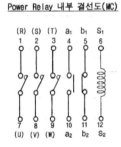

① 사진

② 설명

○ 용도: 주 회로의 개폐용으로서 큰 접점 용량(주접점)이나 내압을 가진 릴레이를 말
한다.

'모터를 기동, 정지 시키는 스위치 역할'

○ 구성: 전원부와 주접점, 보조 접점으로 구성

즉 접점과 이를 동작시키는 전원부로 구성되어 있음.

○ 주의: 마그네트의 주접점의 정격 용량(허용 전류)의 크기에 의하여 크기나 가격이
결정되고 이는 마그네트에 의하여 동작을 제어하고자 하는 부하(전동기 등)
의 용량(부하 전류)에 견딜수 있는 용량을 선정하여야 한다.

③ 참고: 12핀과 20핀 두 가지 타입이 있음.

Power Relay 내부 결선도(MC)

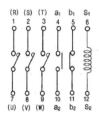

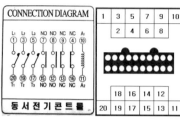

9) 전자식 과전류 계전기(EOCR)

① 사진

② 설명

○ 용도: 과부하 시 회로를 차단하여 부하나 제어용 기계 기구를 보호한다.

○ 구성: 주회로 연결 단자, 보조 접점(NO, NC)과 조작부(설정값, 동작 시간 조정 단자 리셋 장치 및 트립 표시 장치)로 구성됨

○ 주의: 검출부에서 과전류가 검출 시 보조 접점이 동작하고 복귀는 수동으로 복귀하여야 한다. 베이스가 다른 형태도 있지만, 사용 접점은 동일하므로 혼돈하지 않길 바랍니다.

③ 참고: 베이스가 다른 형태도 있지만 사용 접점은 동일하므로 혼돈하지 않길 바랍니다.

다. 기타 사용 부품

차단기	퓨즈	단자대	4각, 8각 BOX	스위치 BOX

PE 전선관	콘넥터	CD 전선관	콘넥터	새들
	 2단분리	주름관 	 3단 분리	

리미트 스위치	리셉터클	감지기	나사 못	
			14mm: 단자대, 새들, 스위치박스 등 고정시 18mm: 12핀 베이스, 8핀 베이스 낮은 것	24mm 8핀 베이스 높은 것 28mm: 14핀 베이스

2 기준 문제로 기준 잡기

내선공사 실습 과제 1(기준 과제)

(전동기 한시 제어)

1. 요구 사항

※ 지급된 재료를 사용하여 제한 시간 내에 주어진 과제를 완성하시오.

　(다만, 특별히 명시되어 있지 않은 공사 방법 등은 내선공사 방법을 따릅니다.)

가. 공통 사항

　1) 전원 방식: 3상3선식 220[V]

　2) 공사 방법: ① 합성수지제 가요전선관 (CD)　② PE 전선관

나. 동작

　1) 전원을 투입하면 EOCR 여자, RL 점등

　2) PB1을 누르면 T 여자

　3) 리밋스위치(LS)가 작동하면 MC 여자 모터 운전, GL 점등, RL 소등

　4) t초 후 T 소자, MC 소자, GL 소등, RL 점등, 모터 정지

　5) PB0를 누르면 모든 동작이 정지하며 초기화된다.

　6) EOCR 동작 시[과부하 시] 부저(BZ) 작동

　7) EOCR 동작 시[과부하 시] PB2를 누르면 릴레이(Ry)여자, OL 점등, BZ 정지

　8) EOCR 리셋하면 OL 소등

다. 기타 사항

　2) 도면의 모터(전동기) 부분은 접속을 생략하고 작업하시오.

　3) 범례를 참고하여 배치도를 구성하시오.

2. 유의 사항

1) 시험 시작 전 지급된 재료의 이상 유무를 확인하고 이상이 있을 때에는 시험위원의 승인을 얻어 교환할 수 있습니다.

(단, 시험 시작 후 파손된 재료는 수험자 부주의로 파손된 것으로 간주되어 추가로 지급받지 못합니다.)

2) 제어함(판)을 포함한 작업대(판)에서의 제반 치수는 mm이고 치수 허용오차는 외관 (전선관, 박스, 전원 및 부하 측 단자대 등)은 ±30mm, 제어판 내부는 ±5mm입니다.

3) 전선관의 수직과 수평을 맞추어 작업하고, 전선관의 곡률 반경은 전선관 안지름의 6배 이상, 8배 이하로 작업하여야 합니다.

4) 제어함 내의 기구 배치는 도면에 따르되 소켓에 채점용 기기 등이 들어갈 수 있도록 합니다.

5) 제어함 배선은 미관을 고려하여 배선(수평 수직)하고 전선의 흐트러짐 등이 없도록 케이블 타이를 이용하여 균형 있게 배선합니다.

※ 제어함 배선 시 기구와 기구 사이 배선 금지

6) 주회로는 2.5mm²(1/1.78) 전선, 보조회로는 1.5mm²(1/1.38) 황색 전선을 사용하고, 주회로의 전선 색깔은 R상은 흑색, S상은 적색, T상은 청색을 사용합니다.

7) 접지회로는 2.5mm²(1/1.78) 전선(녹색)으로 배선하여야 합니다.

> 변경된 규정에 의하면
> 6) 주회로는 2.5 mm²(1/1.78) 전선, 보조회로는 1.5 mm(1/1.38) 전선(황색)을 사용하고 주회로 의 전선 색상은 L1은 갈색, L2는 흑색, L3는 회색을 사용합니다.
> 7) 보호도체 접지 회로는 2.5mm² (1/1.78) 녹색-황색 전선으로 배선하여야 합니다.
> ※ 퓨즈 홀더 1차 측 주회로는 각각 2.5 mm²(1/1.78) 갈색과 회색 전선을 사용하고, 퓨즈 홀더 2차 측 보조회로는 1.5 mm²(1/1.38) 황색 전선을 사용하고 퓨즈 홀더에는 퓨즈를 끼워 놓아야 합니다.

8) 케이블의 색상이 주회로 색상과 상이한 경우 감독위원이 지정한 색상으로 대체합니다.

※ 녹색 전선은 제외

9) 박스와 박스, 박스와 제어함, 제어함과 단자대, 박스와 단자대 사이의 전선관 및 케 이블에는 새들을 2개 이상 취부하여야 합니다.

(단, 도면 치수가 300mm 미만의 직선 배관은 새들 1개도 가능)

> 변경된 규정에 의하면
> 9) 기구(컨트롤 박스, 8각 박스, 제어판, 단자대)와 전선관 및 케이블이 접속되는 부분에에서 가까운 곳(300mm 이하)에 새들을 설치하고 전선관 및 케이블이 작업판에서 뜨지 않도록 새들을 적절히 배치하여 튼튼하게 고정합니다.
> (단, 굴곡부가 없는 배관에서 기구와 기구 끝단 사이의 치수가 400mm 미만이면 새들 1개도 가능)

10) 제어함 및 박스와 전선관 및 케이블이 접속되는 부분에는 전선과 및 케이블용 커넥터를 사용하고 제어함에 2㎜ 정도 올리고 새들로 고정하여야 합니다.

11) 전원 및 부하(전동기) 측 단자대의 단자는 가로인 경우 왼쪽부터, 세로인 경우 위쪽부터 R, S, T, E(접지), 또는 U, V, W, E(접지) 순으로 결선합니다.

> 변경된 규정에 의하면
> 15) 전원과 부하(전동기) 측 단자대, 리밋 스위치의 단자대, 플로트레스 스위치의 단자대는 가로인 경우 왼쪽부터 세로인 경우 위쪽부터 각각 'L1, L2, L3, PE(보호도체)'의 순서 'U(X), V(Y), W(Z), PE(보호도체)'의 순서, 'LS1, LS2'의 순서, 'E1, E2, E3'의 순서로 결선합니다.

12) 전원 측 및 부하 측 단자대에는 동작 시험을 할 수 있도록 전원선의 색깔에 맞추어 100mm 정도 인입선을 인출하고 피복은 전선 끝에서 약 10mm 정도 벗겨 둡니다.

13) 단자에 전선을 접속하는 경우 나사를 견고하게 조입니다. 단자 조임 불량이란 전선 피복 제거가 2mm 이상 보이거나, 피복이 단자에 물린 경우를 말합니다.

   ※ 한 단자에 전선 세 가닥 이상 접속 금지

14) 배선 점검은 회로 시험기 또는 벨 시험기 등을 가지고 확인을 할 수 있으나, 전원을 투입하여 동작 시험을 할 수 없습니다. (기타 시험기구 사용 불가)

15) 퓨즈 홀더 1차 측과 2차 측은 보조회로로 1.5㎟(1/1.38) 황색 전선을 사용하고 퓨즈 홀더에는 퓨즈를 끼워 놓아야 합니다.

16) EOCR, 전자 접촉기, 타이머, 릴레이, 플리커릴레이 등의 소켓(베이스) 번호에 유의하여 작업하도록 합니다.

   ※ 제어함 내부 기구 배치도와 지급된 채점용 기기 및 소켓(베이스)이 상이할 경우 감독위원의 지시에 따라 작업하도록 합니다.

17) EOCR, 전자 접촉기, 타이머, 릴레이, 플리커릴레이 등의 소켓(베이스)은 지급된 체

점용 기기와 같은 규격이어야 하며, 홈이 아래로 향하여 배치합니다.

※ 채점용 기기와 소켓(베이스)의 매칭은 감독위원의 지시에 따라 작업하도록 합니다.

18) 접지는 도면에 표시된 부분만 실시하고, 접지선은 입력 단자대에서 제어함 내의 단자대를 거쳐 출력 단자대까지 결선하며, 도면에서 별도로 표시하지 않더라도 모든 접지는 입력 단자대의 접지 측과 연결되어야 합니다.

※ 기타 외부로의 접지는 시행하지 않아도 됩니다.

19) 기타 공사 방법 등은 감독위원의 지시 사항을 준수하여 작업하며, 작업에 대한 문의 사항은 시험 시작 전 질의하도록 하고 시험 진행 중에는 질의를 삼가도록 합니다.

20) 다음과 같은 경우에는 채점 대상에서 제외하니 특히 유의하시기 바랍니다.

○ 기권
- 과제 진행 중 수험자 스스로 작업에 대한 포기 의사를 표현한 경우

○ 실격
- 지급 재료 이외의 재료를 사용한 작품
- 시험 중 시설 · 장비의 조작 또는 재료의 취급이 미숙하여 위해를 일으킬 것으로 감독위원 전원이 합의하여 판단한 경우
- 기능이 해당 등급 수준에 전혀 도달하지 못한 것으로 감독위원 전원이 합의하여 판단한 경우

○ 오작
- 시험 시간 내에 제출된 작품이라도 다음과 같은 경우
  (1) 완성된 과제가 도면 및 배치도, 시퀀스 회로도의 동작 사항, 채점용 기기와 소켓(베이스)의 매칭, 부품의 방향, 결선 상태 등이 상이한 경우 등
  (2) 주회로(흑색, 청색, 적색) 및 보조 회로(황색) 배선의 전선 굵기 및 색상이 도면 및 유의 사항과 다른 경우
  (3) 제어함 밖으로 인출되는 배선이 제어함 내의 단자대를 거치지 않고 직접 접속된 경우
  (4) 제어함 내부 배선 상태나 전선관 및 케이블 가공 상태가 불량하여 전기 공급이 불가한 경우
  (5) 제어함 내의 배선 상태나 기구 간격 불량으로 동작 상태의 확인이 불가한 경우
  (6) 접지 공사를 하지 않은 경우 및 접지선(녹색) 색상이 도면 및 유의 사항과 틀린 경우(전동기로 출력되는 부분은 생략)
  (7) 컨트롤 박스 커버 등이 조립 되지 않아 내부가 보이는 경우

(8) 배관 및 기구 배치도에서 허용오차 ±50㎜를 넘는 곳이 3개소 이상인 경우

(9) 제어함 및 박스와 전선관 및 케이블이 접속되는 부분에 전선관 및 케이블용 커넥터를 정상 접속하지 않은 경우(미접속 포함)

(10) 박스와 박스, 박스와 제어함, 제어함과 단자대, 박스와 단자대 사이의 전선관 및 케이블에 새들을 2개 이상 취부하지 않은 경우
  (단, 도면 치수가 300㎜ 미만의 직선 배관은 새들 1개도 가능)

(11) 전선 및 부하(전동기) 측 단자대 내의 R, S, T, E(접지) 또는 U, V, W, E(접지) 배치 순서가 유의 사항과 상이한 경우

(12) 한 단자에 전선 3가닥 이상 접속된 경우

(13) 제어함 내의 배선 시 기구와 기구 사이로 수직 배선한 경우

(14) 내선 규정 등으로 공사를 진행하지 않은 경우

21) 작업이 종료된 후에는 도면을 제출하여야 하며, 외부로 반출할 수 없습니다.

22) 시험 종료 후 완성 작품에 한해서만 작동 여부를 감독위원으로부터 확인받을 수 있습니다.

3. 도면

가. 배관 및 기구 배치도

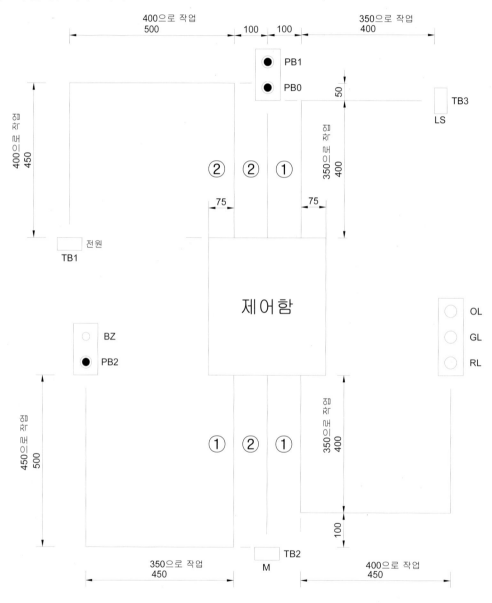

공사방법 : ① 합성수지제 가요전선관(CD) ② PE 전선관

나. 제어 회로도

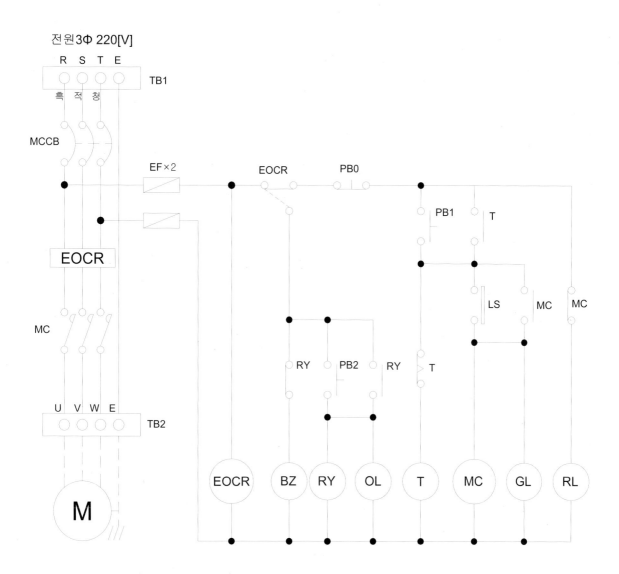

다. 제어함 내부 기구 배치도

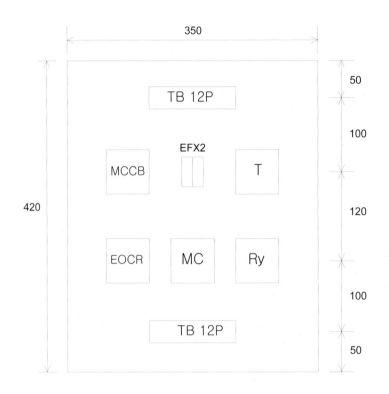

범 례			
기호	명칭	기호	명칭
TB1	전원[단자대 4P]	EF*2	휴즈 및 휴즈 홀더
TB2	모터[단자대 4P]	PB0	푸시버튼 스위치[적색]
TB3	리밋 스위치[단자대4P]	PB1	푸시버튼 스위치[녹색]
MCCB	배선용 차단기	PB2	푸시버튼 스위치[백색] 없으면 적색
MC	Power Relay소켓[12P]	GL	파이롯 램프[녹색] 220V
EOCR	EOCR소켓[12P]	RL	파이롯 램프[적색] 220V
Ry	릴레이[8핀 소켓]	OL	파이롯 램프[황색] 220V
T	타이머[8핀 소켓]	BZ	부저
TB 12P	(6P*2) 단자대		

라. 제어 부품 내부 결선도

Power Relay 내부 결선도

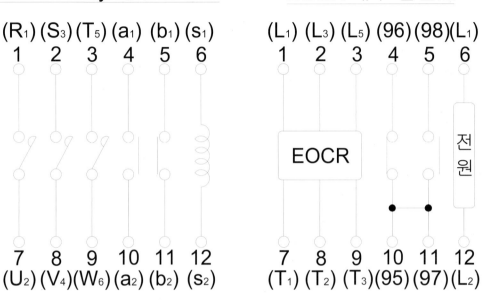

(R_1) (S_3) (T_5) (a_1) (b_1) (s_1)
  1   2   3   4   5   6

  7   8   9   10   11   12
(U_2) (V_4) (W_6) (a_2) (b_2) (s_2)

EOCR 내부 결선도

(L_1) (L_3) (L_5) (96) (98) (L_1)
  1   2   3   4   5   6

EOCR   전원

  7   8   9   10   11   12
(T_1) (T_2) (T_3) (95) (97) (L_2)

타이머 내부 결선도

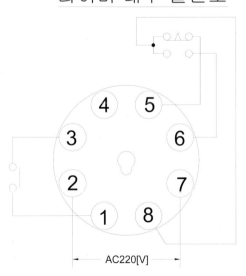

AC220[V]

8핀 릴레이내부 결선도

AC220[V]

가. 도면 이해하기(기준 과제의 도면을 보면서 이해하시면 됩니다.)

1) 도면에 제시된 유의 사항 숙지 및 이해하기

① 기준 과제의 1페이지 다항의 2) 도면의 모터(전동기) 부분은 접속을 생략하고 작업하시오.
  ➡ 아래 사진처럼 모터 부착 단자대(TB2) 이차 측에 도면 5에 의거 모터를 부착하여 하나 생략하고 단자대 1차 측만 작업한다는 의미

② 기준 과제의 2페이지 유의 사항
  12) 전원 측 및 부하 측 단자대에는 동작 시험을 할 수 있도록 전원 선의 색깔에 맞추어 100mm 정도 인입선을 인출하고 피복은 전선 끝에서 약 10mm 정도 벗겨 둡니다.
  ➡ 전원 공급이라고 표시된 TB1 단자에 차단기 2차 전원을 연결할 준비 사항을 의미하며 시험 장소에 따라 요구 사항이 달라지므로 감독관의 요구에 따라서 실시한다. 그리고 부하 측 단자대에도 모터를 부착하기 위해 연결 단자를 인출해 달라는 의미입니다.

③ 기준 과제의 2페이지 유의 사항
  4) 제어함 내의 기구 배치는 도면에 따르되 소켓에 채점용 기기 등이 들어갈 수 있도록 합니다.
  ➡ [사진 2]처럼 채점을 위한 릴레이들을 부착할 공간을 확보하여야 한다.

④ 기준 과제의 2페이지 유의 사항
  5) 제어함 배선은 미관을 고려하여 배선(수평 수직)하고 전선의 흐트러짐 등이 없도록 케이블 타이를 이용하여 균형 있게 배선합니다.
  ※ 제어함 배선 시 기구와 기구 사이 배선 금지
  ➡ [사진 2]처럼 작업할 것

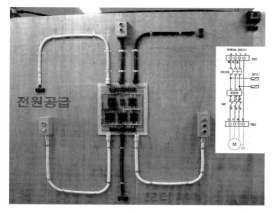

[사진 1] ①, ② 참고

[사진 2] ③, ④ 참고

⑤ 기준 과제의 2페이지 유의 사항

　　10) 제어함 및 박스와 전선관 및 케이블이 접속되는 부분에는 전선과 및 케이블용 커넥터를 사용하고 제어함에 2㎜ 정도 올리고 새들로 고정하여야 합니다.

　　➡ [사진 3] 참고 원래 의미는 제어함은 상자(함)이므로 상단과 하단에 홀소로 구멍을 뚫고 배관과 제어함을 연결하기 위해 제어함 안쪽에 커넥터를 설치하고 배관을 한다.

⑥ 기준 과제의 2페이지 유의 사항

　　11) 전원 및 부하(전동기) 측 단자대의 단자는 가로인 경우 왼쪽부터, 세로인 경우 위쪽부터 R, S, T, E(접지), 또는 U, V, W, E(접지) 순으로 결선합니다.

　　➡ [사진 4]처럼 단자대의 좌측부터 우측 순으로(세로인 경우 위에서 아래로) R, S, T, E(변경규정 L1, L2, L3, PE)로 작업을 한다. 색상도 아래 ⑦처럼 맞추어서 작업해야 된다.

[사진 3] ⑤ 참고

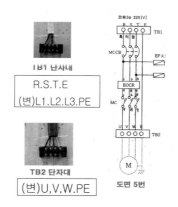

[사진 4] ⑥ 참고

⑦ 기준 과제의 3페이지 오작

　(1) 완성된 과제가 도면 및 배치도, 시퀀스 회로도의 동작 사항, 채점용 기기와 소켓(베이스)의 매칭, 부품의 방향, 결선 상태 등이 상이한 경우 등

　(2) 주회로(흑색, 청색, 적색) 및 보조회로(황색) 배선의 전선 굵기 및 색상이 도면 및 유의사항과 다른 경우(스위치 및 램프 색상 포함)

➡ 분필로 해당되는 부분의 기호 및 색상을 구분하여 표시해 주는 것이 좋다.([사진 5] 참조)
　　전원과 부하는 KEC 규정에 의하여 (R, S, T, E → L1(갈), L2(흑), L3(회), PE(녹-황)으로 변경됨.
　　문제지의 유의 사항을 준수하여 작업한다.

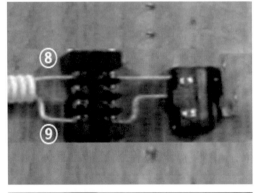

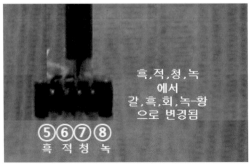
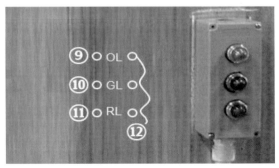

[사진 5] ⑦ 참고

나. 제어판 제작하기

1) 회로도 및 배치도에 릴레이 번호 및 단자대 번호 부여

① 릴레이 번호 부여(회로도상):

기준 과제 6페이지 제어 회로도에 사용된 7페이지의 제어함 내부 기구(릴레이 부품)의 번호를 기입한다.

이때 8페이지의 제어 부품 내부 결선도를 참고하여 릴레이 번호를 기입한다.

※ RY 1의 공통 단자 위치(1, 4 / 1, 3)확인, EOCR과 MC의 a, b 접점이 서로 반대에 유의

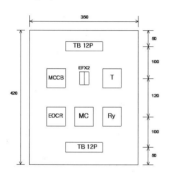

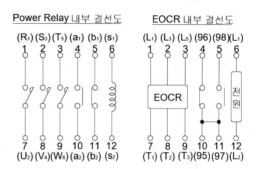

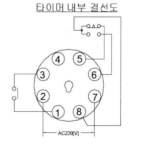

범 례			
기호	명칭	기호	명칭
TB1	전원[단자대 4P]	EF·2	휴즈 및 휴즈홀더
TB2	모터[단자대 4P]	PB0	푸시버튼스위치[적색]
TB3	리밋스위치[단자대4P]	PB1	푸시버튼스위치[녹색]
MCCB	배선용차단기	PB2	푸시버튼스위치[백색]없으면 적색
MC	Power Relay소켓[12P]	GL	파이롯램프[녹색] 220V
EOCR	EOCR소켓[12P]	RL	파이롯램프[적색] 220V
Ry	릴레이[8핀 소켓]	OL	파이롯램프[황색] 220V
T	타이머[8핀 소켓]	BZ	부저
TB 12P	(6P+2) 단자대		

[도면 1] 제어함 내부 기구 배치도

[도면 2] 제어 부품 내부 결선도

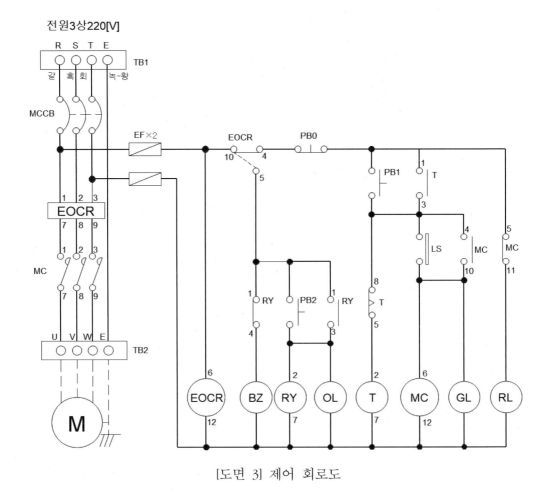

[도면 3] 제어 회로도

② 단자대 번호 부여(가. 배관 및 기구 배치도 와 나. 제어 회로도에 부여):

제어판과 제어판에서 인출된 배관 끝 부품을 연결하는 상부, 하부 단자대의 부품 연결

자리를 정한다.

배관을 기준으로 좌측 배관에서 우측 배관으로 번호를 부여하고, 동일 배관에서만 공

통을 원칙으로 번호를 부여하여 작업하되 상→하, 좌→우 순으로 하며 공통 단자 번호

를 나중에 부여한다.

상부 단자대 번호는 적색으로 표시하고, 하부 단자대 번호는 청색으로 표시하여(릴레

이는 흑색) 번호의 혼돈을 막자

[특히, TB1, TB2의 단자대에서 주회로 연결 색상은 유의 사항을 확인 후 작업한다.

(규정 변경됨)

　EX) 좌→우: 갈, 흑, 회, 녹-황

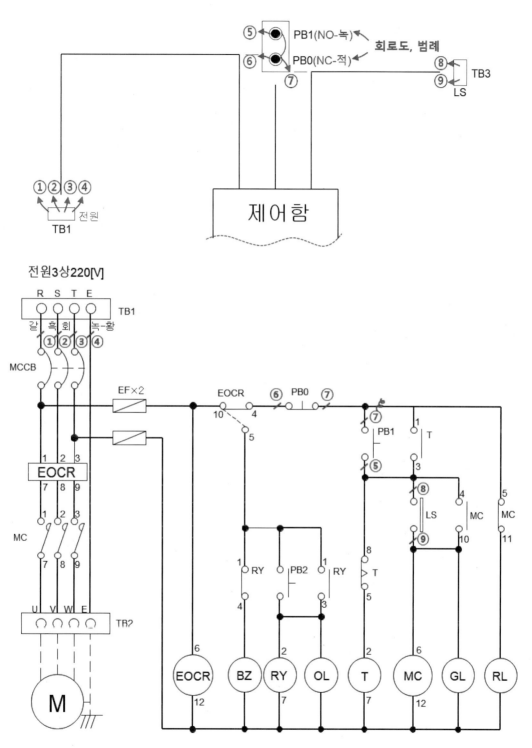

[도면 4] 상부 단자대 번호 부여: ○ 안에 적색으로

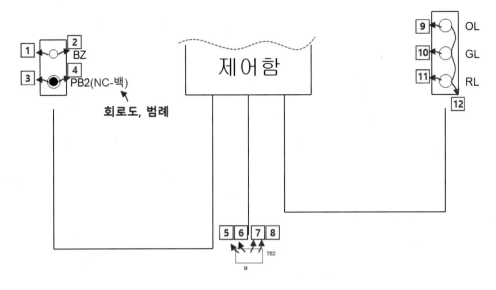

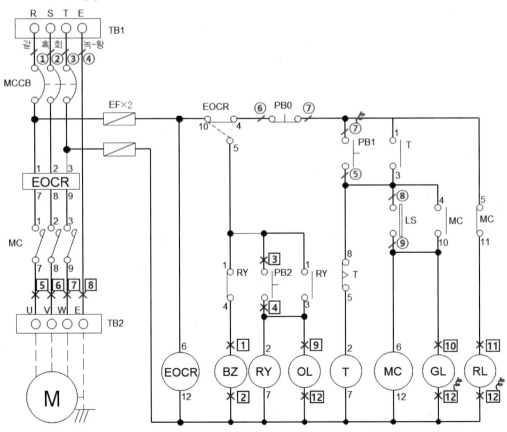

[도면 5] 하부 단자대 번호 부여: □ 안에 청색으로

2) 제어함 내부 기구 배치

① 기준 과제 7페이지의 제어함 내부 기구에 의거 적당한 제어함 내부 기구 배치

제어함 내부의 간격은 도면상의 치수에 의하되 좌우 간격을 도면상에는 없지만 해당 릴레이를 부착한 상태에서 검사할 수 있을 간격은 나와야 되며, 릴레이 베이스의 상, 하, 좌우, 특히 MCCB의 상, 하를 구분하여 정확하게 배치하여 부착한다.

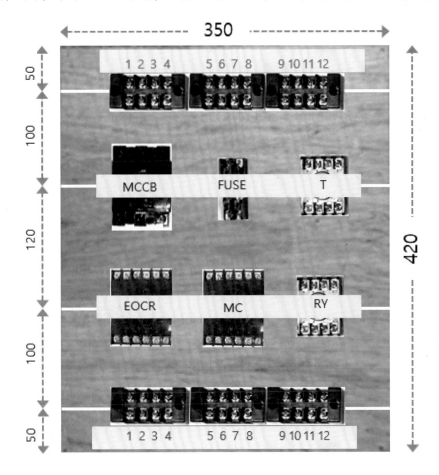

[도면 6] 제어함 내부 기구 배치도

② 제어함 내부 기구 배치 후 명판 부착

제어함 내부 기구 배치 후 종이 테이프을 기구앞면에 부착하고 여기에 해당 베이스에 해당 기호를 기재한다. 그리고 위 단자 상단과 아랫 단자대 하단에도 종이 테이프를 부착 해당 단자대 번호를 기재하는데 상단은 적색, 하단은 청색으로, 시퀀스 도면에 부여한것과 같은 색상으로 하여 그 번호를 명확하게 한다.

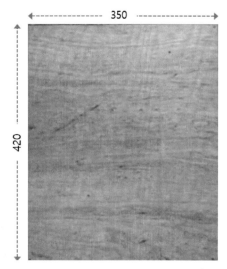

[순서 1] 지급된 제어판의

가로.세로 방향확인

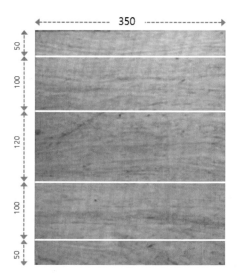

[순서 2] 제어판에

치수선작업(분필로)

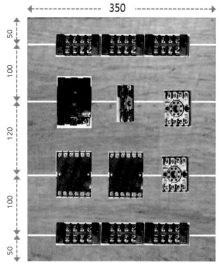

[순서 3] 치수선에 의하여 부품고정

(치수선 중심에 부품고정)

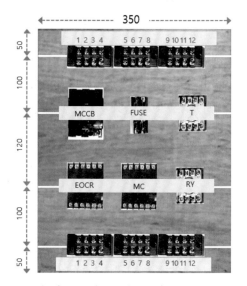

[순서 4] 기구 기호 및

상·하 단자대에 번호 표시

3) 제어함 제작

기준 과제 6페이지 제어 회로도에 의하여 좌→우, 상→하, 작업 단위별로 작업한다.

단, 동일 작업 단위별 작업에서 작업 순서는 의미가 없으므로 가까운 소자 먼저 작업을

하면 된다.

작업 후 작업 부분은 체크를 해서 누락되거나 중복 작업하는 일이 없도록 한다.

[작업 순서]

① T 상 먼저 작업(가까운 것 먼저)

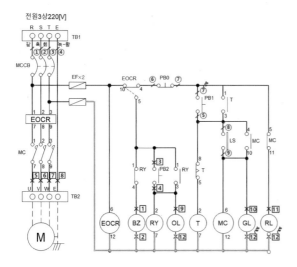

② R 상 순서에 의해

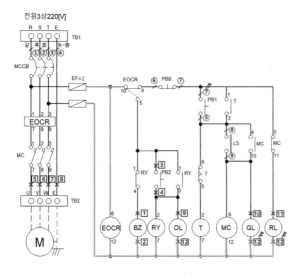

③ 진행

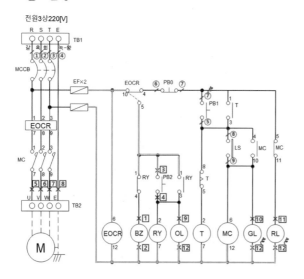

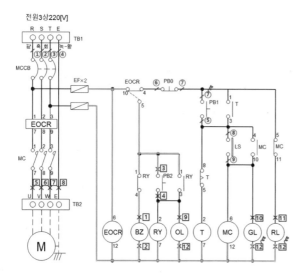

④ 보조회로 완성

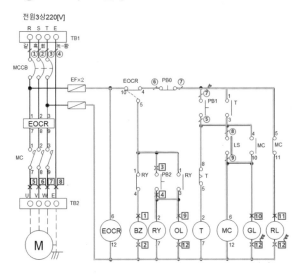

⑤ 주회로 완성

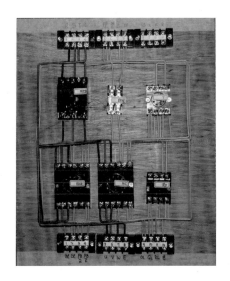

⑥ 케이블 타이 작업은 배관작업과 입선작업 및 검사 작업 등 모든 작업이 마치고 퇴실 전에 실시하는 것이 바람직하다.

다. 배관작업

1) 밑그림 작업

먼저 도면에 의거 제어함의 위치를 정한 후 고정한다.

제어함을 기준으로 치수를 측정, 분필로써 작업 부분을 그린다.

밑그림이 그려지면 새들로 고정할 부분을 표시한다.

(새들 위치: 박스류와 연결되는 곳에서 은 커넥터를 사용하고 약 13㎝ 정도 지점에 새들로 고정하고 굴곡 부위도 굴곡점에서 약 13㎝ 정도 그 외 기구(단자대)는 관단(끝)에서 약 6㎝ 정도 지점에 고정 ※ 2구 컨트롤 박스의 커버가 14.5cm이므로 이를 활용하여도 된다.)

이때 직선 구간은 2개 이상의 새들이 사용되어야 한다. (단, 굴곡 없는 400mm 미만은 1개소 고정 가능)

2) 새들 작업

밑그림 작업 및 새들 위치 표시가 끝나면 곡률이 있는 부위는 곡률의 바깥면 한쪽만 새들을 고정하여 전체 새들을 미리 새들 위치에 부착하여 둔다.

3) 배관 작업 1(후렉시블 전선관 - 가요 전선관 - CD 전선관)

후렉시블 전선관은 스프링 밴드가 필요없다. 미리 반 고정된 새들 사이에 넣고 고정하면 된다.

    ㅇ 곡률 작업은 롤(roll)로 감겨 있는 '반대방향'으로 구부리기 한다. (곡률 반경≥6D)

○ 새들 고정: 배관을 새들 사이에 넣고 고정되지 않은 반대편을 고정하여 배관을 고정한다.

○ 배관의 절단 위치는 컨트롤 박스와 연결 부위는 연결점에서 2cm(엄지손가락 굵기 정도)에서 절단

그 외 단자대와의 연결 부위는 배관의 절단 표시부에서(일반적으로 단자대에서 5cm 떨어진 위치)에서 절단한다.

○ 배관 작업 후 컨트롤 박스에 콘넥터를 취부하고 배관 끝에 밀어 넣은 후 고정하는 것이 편하다.

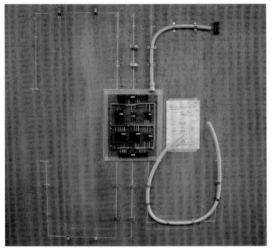 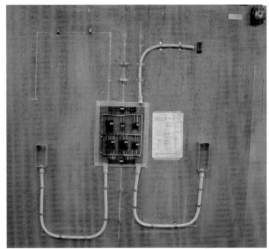

4) 배관 작업 2(연질비닐 전선관 전선관 - PE 전선관)

관 내부에 스프링밴드를 삽입 후 작업하여야 하는 관으로 스프링밴드를 넣지 않고 작업하면 관이 찌끄러져 내부에 전선을 넣지 못한다. 아래 요령에 의하여 작업한다.

○ 곡률 작업은 롤(roll)로 감겨있는 '반대방향'으로 구부리기 한다. (곡률반경≥6D)

○ ㄷ자 구부리기는 먼저 한쪽의 90° 구부리기를 한 후 나머지 곡률은 치수보다 2㎝ 정도 줄여 구부린다.

○ 새들 고정: 배관을 새들 사이에 넣고 고정되지 않은 반대편을 고정하여 배관을 고정한다.

○ 배관의 절단 위치는 컨트롤 박스와 연결 부위는 연결점에서 2cm(손가락 한마디 정도)에서 절단

그 외 단자대와의 연결 부위는 배관의 절단 표시부에서(일반적으로 단자대에서 5cm 떨어진 위치)에서 절단한다.

○ 배관 작업 후 컨트롤 박스에 콘넥터를 취부하고 배관 끝에 밀어 넣은 후 고정하는 것이 편하다

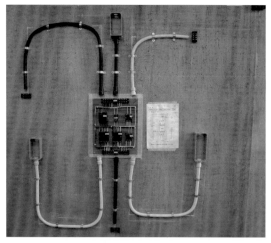
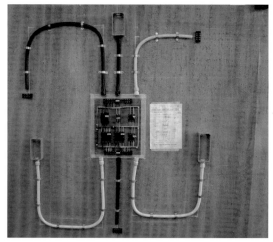

라. 입선작업 및 결선작업

1) 먼저 배관에 입선작업을 먼저한다.

하나의 배관에 들어가는 가닥 수 계산 후 일괄 입선

상단 첫 배관은 주회로로써 흑, 백, 적, 녹 4가닥[신규: 갈, 흑, 회, 녹-황](사진상 황색 선은 연습이므로 가격 때문에 황색 선 사용), 상단 가운데 배관 3가각, 상단 우측 배관은 2가닥, 하단 좌측 첫 배관은 4가닥, 하단 가운데 배관은 흑, 백, 적, 녹 4가닥[신규: 갈, 흑, 회, 녹-황](사진상 황색 선은 연습이므로 황색 선 사용) 하단 우측 배관은 4가닥으로 입선작업 후 제어함 상단과 하단의 단자대를 먼저 연결한다. (순서대로 결선하면 된다. 번호 무시)

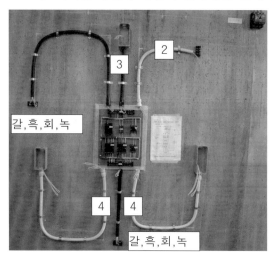
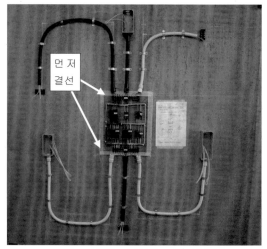

2) 컨트롤 박스의 커버에 스위치, 램프등을 부착하기 위한 준비 작업을 한다.

컨트롤 박스의 커버에 해당 부품(PB, 셀렉터 스위치, 램프등)을 부착하고, 내부 공통 연결선이 있는 경우 공통 연결선도 연결해두고, 특히 PB는 사용 접점(NO, NC)를 확실히 구분하여 사용한다.

(사용하지 않는 접점은 종이테이프로 막는 등 실수를 방지하는 조치가 필요하다.)

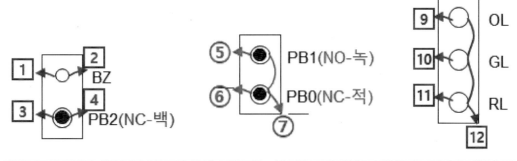

3) 제어함의 단자대에 인출된 전선을 부저 테스터로 확인한 다음, 해당되는 부품에 연결한다.

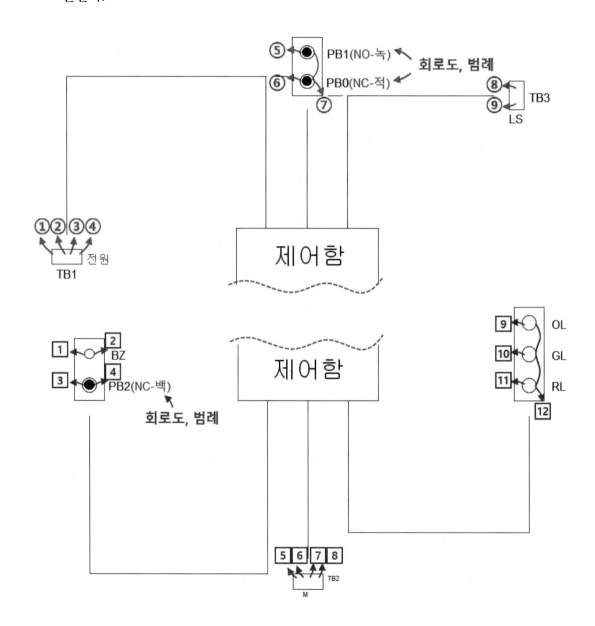

4) 컨트롤 박스 커브를 완벽하게 고정하여 내부가 보이지 않도록 한다.

전체적으로 회로 점검 후 종이테이프(베이스 구분용) 등 불필요한 것은 제거하고 퇴실한다.

마. 회로 검사

1) 외부 연결 소자의 연결 확인

① 스위치(PB, 셀렉타 스위치 등)은 단자대에서 부저 테스터를 통하여 스위치 연결 상태를 확인한다.

② 전원 및 부하(전동기)의 연결은 주회로에 해당되므로 2.5SQ 색깔 선으로 작업이 되었으므로 색상으로 연결 상태를 확인한다. 이때 색상은 유의 사항에 제시된 색상(EX) 단자대 기준(좌→우)로 (갈, 흑, 회, 녹-황) 등]을 참고한다.
그리고 부저 테스터를 통하여 실제 연결 상태(간혹 피복까지 단자대 내부에 연결됨)를 확인한다.

③ 램프는 내부를 합선시켜서 확인하고 부저등은 실제 TEST의 저항 단자에서 확인하다.

2) 제어판 검사: 다양한 검사 방법이 있지만, 최소한의 시간으로 비교적 간단하고 정확한 방법을 소개

① T 전원 연결 및 합선 검사
퓨즈이차(T 단자)에 부저 테스터의 한쪽 단자를 대고 나머지 단자로 퓨즈이차(T 단자)와 연결된 단자(주로 전원부, 표시등 및 부저등의 부하의 아래 단자와 연결된 단자 등)를 회로도에서 확인하여 그 단자와의 연결을 확인한다. 그리고 연결된 단자와는 연결 안 된 것도 확인하다.

② 제어회로 제작 순으로 연결 상태를 확인한다.

3) 전반적으로 PB. Lamp 색상, 소자의 위치, 배관 종류, 기구 및 배관의 고정 상태 및 새들 사용 개수의 적정성 등을 확인한다.

바. 시험 준비 사항

1) 기본
　　① 나사못 통: 선택 사항(혹시 사용 못 하게 하는 경우도 있다.)
　　　　14mm~16nn　: 단자대(3P, 4P, 6P, 15P, 20P), 퓨즈 홀더, 새들 고정, 스위치 박스
　　　　18mm~19mm : 베이스(12핀, 11핀, 8핀 낮은 것), 리셉터클
　　　　24mm~25mm : 베이스(8핀 높은 것)
　　　　28mm　　　　: 베이스(14핀), 차단기
　　② 부저 테스터 및 멀티 테스터
　　③ 3색 볼펜 및 형광펜(마킹펜)
　　④ 견출지: 선택사항
　　⑤ 종이테이프
　　⑥ 자(30Cm): 선택 사항
　　⑦ 스프링밴드, 60cm 이상 자

2) 공구
　　① 공구(펜치, 니퍼, 롱로우즈, 드라이버)
　　② 스트리퍼
　　③ 전동드라이브

3) 신분증

4) 확인 사항
　　① 전동드릴 밧데리
　　② 부저 테스터 및 멀티 데스터 건전지 상태

내선공사 실습 순서

〈작업 순서〉

1. 도면 수령 후 첫 페이지의 동작 설명과 회로도의 동작 상태 확인.

2. 제어 회로도 위에 "제어 부품 내부 결선도"를 참고하여 기구 단자 번호를 기입(흑색)

3. 제어함 내부 기구 배치도의 위(상), 아래(하) 단자대 번호는 아래와 같다.

   가. 위쪽 단자대: 적색 볼펜으로 ○ 안에 단자 번호 기입

   나. 아래쪽 단자대: 청색 볼펜으로 □ 안에 단자 번호 기입

   ※ 단자번호 순서는 전선관 배치 순으로 하되,

   　 동일 전선관 내 기구는 위 → 아래 순으로 하고 공통은 뒤쪽으로 배치

4. 제어함(C.B) 제작

   가. 제어함 내부 기구 배치도를 참고하여 기구 고정한 후

   나. 제어회로 → 주회로 순으로 배선: 이때 형광펜으로 회로도에 배선한 곳 표시

   다. 회로 점검 후 바인드

5. 배관 및 기구 배치도를 참고하여 제어함을 작업판에 고정

6. 제어함을 기준으로 배관 및 기구 배치도를 참고하여 치수를 표시하고 기구를 고정

7. 배관작업을 한다.

   가. 곡률작업은 롤(roll)로 감겨 있는 '반대 방향'으로 구부리기 한다. (곡률 반경≥6D)

   나. ㄷ자 구부리기는 먼저 한쪽의 90° 구부리기를 한 후 나머지 곡률은 치수보다 2㎝ 정도 줄여 구부린다.

   다. 새들 고정: 1) 박스류와 연결되는 곳은 커넥터를 사용하고 약 13㎝ 정도 지점에 새들로 고정

   　　　　　　　 2) 그 외 기구는 관단(끝)에서 5㎝ 정도(배선 고려) 여유를 두고 고정하고, 새들 위치는 관단에서 약 6㎝ 정도 지점에 고정

8. 입선작업: 동일 전선관에 들어가는 전선은 한꺼번에 입선한다.

9. 제어함 상·하 단자대와 외부 기구 결선은 단자대부터 전선을 연결한 후 회로 시험기로 해당되는 선을 찾아 기구와 결선(혼동 방지)

10. 회로 검사: 한 곳도 누락되지 않도록 개별 및 회로 가지별 검사

    ※ 기구마다 종이테이프를 이용하여 명칭을 표시. (배선 혼동 방지)

3 연습 과제 3가지로 실력 다지기

작업 과제명	과제 1. 내선 공사 실습 과제1 (급·배수 처리 장치)	내선공사 실기

1. 배관 및 기구 배치도

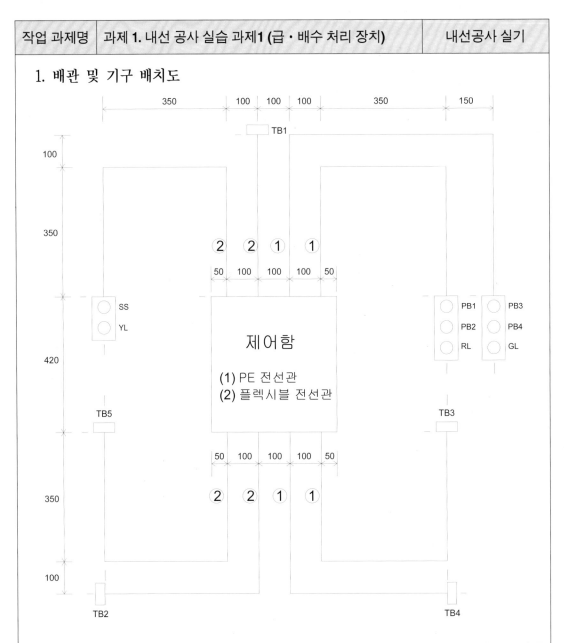

유의 사항 12번) 도면에 표시된 플로트레스 스위치 센서 E1, E2, E3의 인출선의 길이는 각각 100mm, 150mm, 200mm로 하며, 단자대의 단자는 가로인 경우 왼쪽부터, 세로인 경우 위쪽부터 E1, E2, E3의 순으로 결선합니다.

| 작업 과제명 | 과제 **1.** 내선 공사 실습 과제**1** (급·배수 처리 장치) | 내선공사 실기 |

2. 제어 회로도

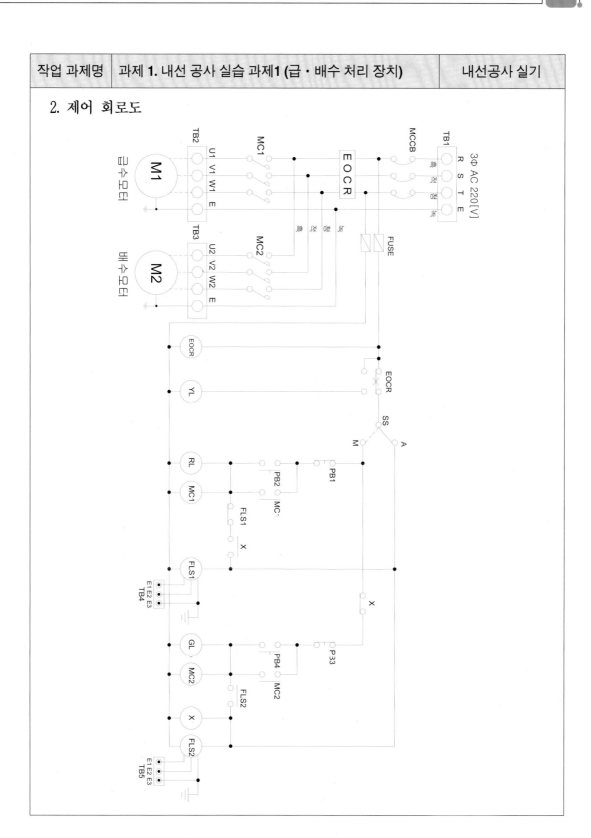

작업 과제명	과제 1. 내선 공사 실습 과제1 (급·배수 처리 장치)	내선공사 실기

3. 제어함 내부 기구 배치도

```
                    400
          50
                TB6(10+10P)
          95

              MCCB    FUSE    EOCR    X
          130

              MC 1    MC 2    FLS1   FLS2
          95
                TB7(10+10P)
          50
```

범   례

기호	명칭	기호	명칭
TB1	전원(단자대 4P)	PB1,PB3	푸시버튼 스위치(녹)
TB2,TB3	모터(단자대 4P)	PB2,PB4	푸시버튼 스위치(적)
TB4,TB5	플로트레스(단자대 4P)	YL	파일럿 램프(황) 220V
TB6,TB7	단자대(10+10P)	GL	파일럿 램프(녹) 220V
MC1,MC2	전자 접촉기(12P)	RL	파일럿 램프(적) 220V
X	릴레이 (8P)	FUSE	퓨즈 및 퓨즈 홀더
EOCR	EOCR(12P)	MCCB	배선용 차단기
FLS1, FLS2	플로트레스 스위치(8P)	SS	셀렉터 스위치

작업 과제명	과제 **1.** 내선 공사 실습 과제**1** (급 · 배수 처리 장치)	내선공사 실기

4. 제어 부품 내부 결선도

전자접촉기 내부 결선도

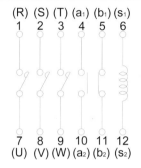

EOCR 내부 결선도

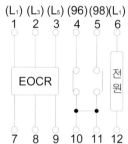

8핀 플로트레스 스위치 결선도

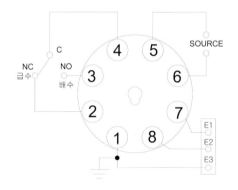

8핀 릴레이 내부 결선도

셀렉터스위치 구성도

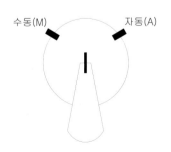

12P 소켓(베이스)구성도

8P 소켓(베이스)구성도

작업 과제명	과제 **2.** 내선공사 실습 과제 **2** (자동온도 조절 제어회로)	내선공사 실기

1. 배관 및 기구 배치도

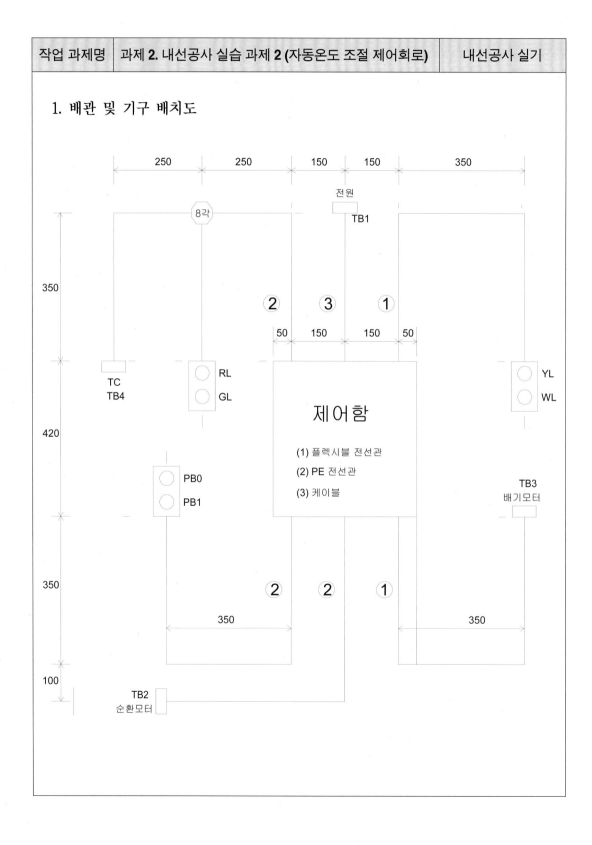

작업 과제명	과제 **2.** 내선공사 실습 과제 **2** (자동온도 조절 제어회로)	내선공사 실기

2. 제어 회로도

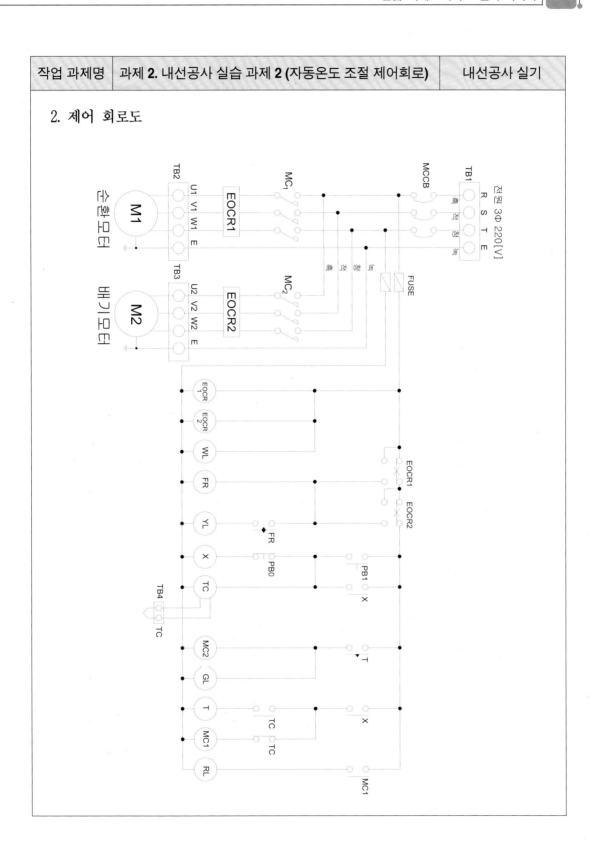

작업 과제명	과제 2. 내선공사 실습 과제 2 (자동온도 조절 제어회로)	내선공사 실기

3. 제어함 내부 기구 배치도

```
                           400
       50
              ┌──────────────────────────────┐
              │        TB5(10+10P)            │
              └──────────────────────────────┘
       95
       ┌────┐ ┌────┐ ┌────┐ ┌────┐ ┌────┐
       │MCCB│ │ FR │ │    │ │ TC │ │ X  │
       └────┘ └────┘ └────┘ └────┘ └────┘
                       FUSE
      130
       ┌────┐ ┌────┐ ┌────┐ ┌────┐ ┌────┐
       │EOCR1││EOCR2││ MC1││ MC2││ T  │
       └────┘ └────┘ └────┘ └────┘ └────┘
       95
              ┌──────────────────────────────┐
              │        TB6(10+10P)            │
              └──────────────────────────────┘
       50
```

범 례

기호	명칭	기호	명칭
TB1	전원(단자대 4P)	TC	온도릴레이(8P)
TB2	순환 모터(단자대 4P)	PB0	푸시버튼 스위치(녹)
TB3	배기 모터(단자대 4P)	PB1	푸시버튼 스위치(적)
TB4	TC(온도센서)(단자대 4P)	YL	파일럿 램프(황) 220V
TB5,TB6	단자대(10+10P)	GL	파일럿 램프(녹) 220V
MC1,MC2	전자접촉기(12P)	RL	파일럿 램프(적) 220V
EOCR1, EOCR2	EOCR(12P)	WL	파일럿 램프(백) 220V
X	릴레이 (8P)	FUSE	퓨즈 및 퓨즈 홀더
T	타이머(8P)	MCCB	배선용 차단기
FR	플리커릴레이(8P)		

| 작업 과제명 | 과제 2. 내선공사 실습 과제 2 (자동온도 조절 제어회로) | 내선공사 실기 |

4. 제어 부품 내부 결선도

전자접촉기 내부 결선도

| (R) | (S) | (T) | (a₁) | (b₁) | (s₁) |
| 1 | 2 | 3 | 4 | 5 | 6 |

| 7 | 8 | 9 | 10 | 11 | 12 |
| (U) | (V) | (W) | (a₂) | (b₂) | (s₂) |

(EOCR) 내부 결선도

| (L₁) | (L₃) | (L₅) | (96) | (98) | (L₁) |
| 1 | 2 | 3 | 4 | 5 | 6 |

EOCR   전원

| 7 | 8 | 9 | 10 | 11 | 12 |
| (T₁) | (T₂) | (T₃) | (95) | (97) | (L₂) |

타이머 내부 결선도

AC220[V]

8핀 릴레이 내부 결선도

AC220[V]

플리커릴레이 내부 결선도

AC220[V]

온도릴레이(TC) 내부 결선도

AC220

12P 소켓(베이스)구성도

하부측▲

8P 소켓(베이스)구성도

하부측▲

작업 과제명	과제 3. 내선공사 실습 과제 3 (전동기 제어회로)	내선공사 실기

1. 배관 및 기구 배치도

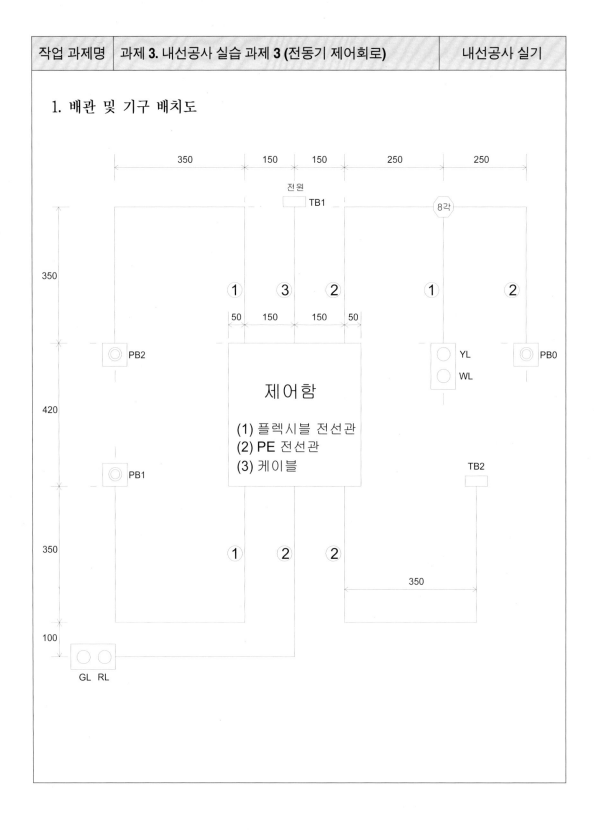

작업 과제명	과제 3. 내선공사 실습 과제 3 (전동기 제어회로)	내선공사 실기

2. 제어 회로도

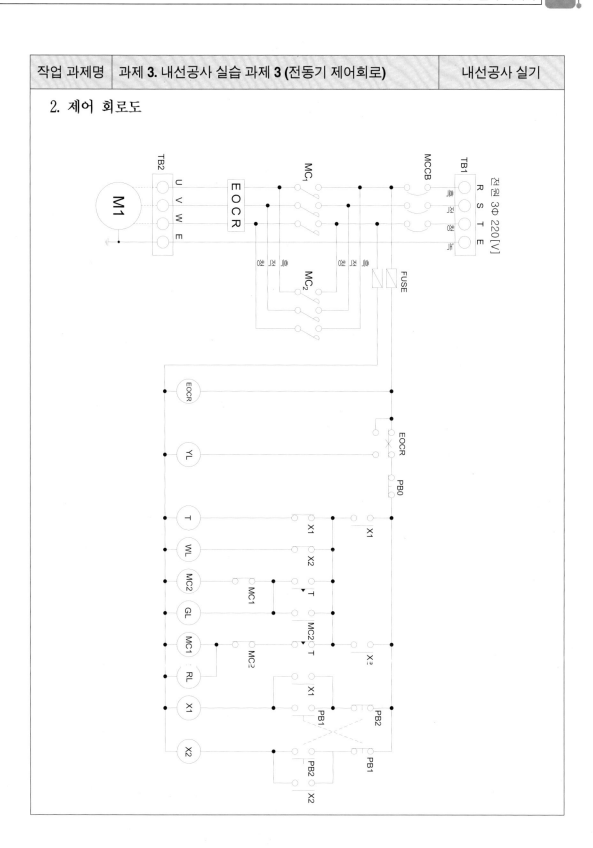

작업 과제명	과제 **3**. 내선공사 실습 과제 **3 (전동기 제어회로)**	내선공사 실기

3. 제어함 내부 기구 배치도

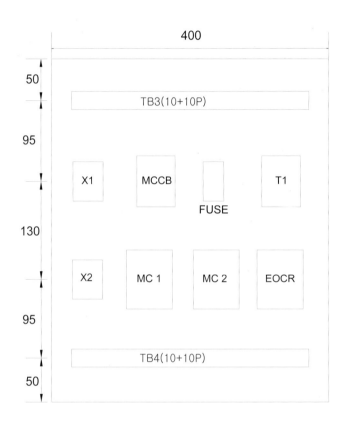

범   례

기호	명칭	기호	명칭
TB1	전원(단자대 4P)	PB0	푸시버튼 스위치(녹)
TB2	전동기(단자대 4P)	PB1,PB2	푸시버튼 스위치(적)
TB3,TB4	단자대(10+10P)	YL	파일럿 램프(황) 220V
MC1,MC2	전자 접촉기(12P)	GL	파일럿 램프(녹) 220V
EOCR	EOCR(12P)	RL	파일럿 램프(적) 220V
X1,X2	릴레이(11P)	WL	파일럿 램프(백) 220V
T	타이머(8P)	FUSE	퓨즈 및 퓨즈 홀더
MCCB	배선용 차단기		

작업 과제명	과제 3. 내선공사 실습 과제 3 (전동기 제어회로)	내선공사 실기

4. 제어 부품 내부 결선도

전자접촉기 내부 결선도

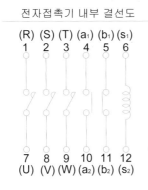

EOL (EOCR) 내부 결선도

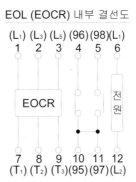
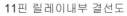

타이머 내부 결선도

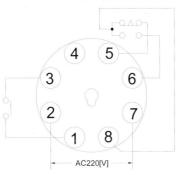

11핀 릴레이내부 결선도

AC 220V

12P 소켓(베이스)구성도

하부측▲

11P 소켓(베이스)구성도

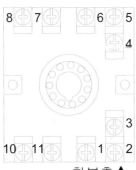

하부측▲

8P 소켓(베이스)구성도

하부측▲

4 전기기능사 실기 공개 도면 18개 중 4가지로 시험 대비하기

1. 요구 사항

가. 지급된 재료와 시험장 시설을 사용하여 제한 시간(4시간 30분) 내에 주어진 과제를
  안전에 유의하여 완성하시오.

  (단, 지급된 재료와 도면에서 요구하는 재료가 서로 상이할 수 있으므로 도면을 참고
  하여 필요한 재료를 지급된 재료에서 선택하여 작품을 완성하시오.)

나. 배관 및 기구 배치 도면에 따라 배관 및 기구를 배치하시오

  (단, 제어판을 제어함이라고 가정하고 전선관 및 케이블을 접속하시오.)

다. 전기 설비 운전 제어회로 구성

  1) 제어회로의 도면과 동작 사항을 참고하여 제어회로를 구성하시오.

  2) 전원 방식: 3상 3선식 220[V]

  3) 전동기의 접속은 생략하고 접속할 수 있게 단자대까지 배선하시오.

라. 특별히 명시되어 있지 않은 공사 방법 등은 전기 사업 법령에 따른 행정 규칙
  [전기설비기술기준, 한국전기설비규정(KEC)]에 따릅니다.

2. 수험자 유의 사항

※ 수험자 유의 사항을 고려하여 요구 사항을 완성하도록 합니다.

  1) 시험 시작 전 지급된 재료의 이상 유무를 확인하고 이상이 있을 때에는 감독위원의
    승인을 얻어 교환할 수 있습니다.

    (단, 시험 시작 후 파손된 재료는 수험자 부주의에 의해 파손된 것으로 간주되어 추
    가로 지급받지 못합니다.)

  2) 제어판을 포함한 작업판에서의 제반 치수는 mm이고 치수 허용오차는 외관(전선관,
    박스 전원 및 부하 측 단자대 등)은 ±30mm, 제어판 내부는 ±5mm입니다.

    (단, 치수는 도면에 표시된 사항에 의하며 표시되지 않은 경우 부품의 중심을 기준으
    로 합니다.)

  3) 전선관의 수직과 수평을 맞추어 작업하고 전선관의 곡률 반지름은 전선관 안지름의
    6배 이상, 8배 이하로 작업하여야 합니다.

  4) 기구(컨트롤 박스, 8각 박스, 제어판, 단자대)와 전선관 및 케이블이 접속되는 부분
    에서 가까운 곳(300mm 이하)에 새들을 설치하고 전선관 및 케이블이 작업판에서
    뜨지 않도록 새들을 적절히 배치하여 튼튼하게 고정합니다.

(단, 굴곡부가 없는 배관에서 기구와 기구 끝단 사이의 치수가 400mm 미만이면 새들 1개도 가능)

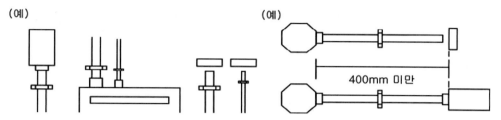

(예)   (예)

400mm 미만

5) 기구(컨트롤 박스, 8각 박스, 제어판)와 전선관 및 케이블이 접속되는 부분에 전선관 및 케이블용 커넥터를 사용하고 제어판에 전선관 및 케이블용 커넥터를 5mm 정도 올리고 새들로 고정하여야 합니다.

   (단, 단자대와 전선관이 접속되는 부분에 전선관 커넥터를 사용하는 것을 금지합니다.)

6) 컨트롤 박스에서 사용하지 않는 홀(구멍)에 홀 마개를 설치합니다

7) 제어판 내의 기구는 기구 배치도와 같이 균형 있게 배치하고 흔들림이 없도록 고정합니다.

8) 소켓(베이스)에 채점용 기기가 들어갈 수 있도록 작업합니다.

9) 제어판 배선은 미관을 고려하여 전면에 노출 배선 수평 수직하고 전선의 흐트러짐 등이 없도록 케이블 타이를 이용하여 균형 있게 배선합니다.

   (단, 제어판 배선 시 기구와 기구 사이의 배선을 금지합니다.)

10) 주회로는 2.5㎟(1/1.78) 전선, 보조회로는 1.5mm(1/1.38) 전선 (황색)을 사용하고 주회로의 전선 색상은 L1은 갈색, L2는 흑색, L3는 회색을 사용합니다.

11) 보호 도체 접지 회로는 2.5㎟(1/1.78) 녹색-황색 전선으로 배선하여야 합니다.

12) 퓨즈 홀더 1차 측 주회로는 각각 2.5㎟(1/1.78) 갈색과 회색 전선을 사용하고, 퓨즈 홀더 2차 측 보조회로는 1.5㎟(1/1.38) 황색 전선을 사용하고 퓨즈 홀더에는 퓨즈를 끼워 놓아야 합니다.

13) 케이블의 색상이 주회로 색상과 상이한 경우 감독위원이 지정한 색상으로 대체합니다

   (단, 단 보호 도체 접지 회로 전선은 제외)

14) 단자에 전선을 접속하는 경우 나사를 견고하게 조입니다. 단자 조임 불량이란 피복이 제거된 나선이 2㎜ 이상 보이거나 피복이 단자에 물린 경우를 말합니다.

   (단, 한 단자에 전선 3가닥 이상 접속하는 것을 금지합니다.)

15) 전원과 부하(전동기) 측 단자대, 리밋 스위치의 단자대, 플로트레스 스위치의 단자대는 가로인 경우 왼쪽부터 세로인 경우 위쪽부터 각각 'L1, L2, L3, PE(보호 도체)'의 순서, 'U(X), V(Y), W(Z), PE(보호 도체)'의 순서, 'LS1, LS2'의 순서, 'E1, E2, E3'의 순서로 결선합니다.

16) 배선 점검은 회로 시험기 또는 벨 시험기만을 가지고 확인할 수 있고 전원을 투입한 동작 시험은 할 수 없습니다.

17) 전원 측 단자대는 동작 시험을 할 수 있도록 전원선의 색상에 맞추어 100㎜ 인출하고 피복은 전선 끝에서 약 10㎜ 정도 벗겨 둡니다.

18) 전자 접촉기, 타이머, 릴레이 등의 소켓 베이스의 방향은 기구의 내부 결선도 및 구성도를 참고하여 홈이 아래로 향하도록 배치하고 소켓 번호에 유의하여 작업합니다.
    ※ 기구의 내부 결선도 및 구성도와 지급된 채점용 기구 및 소켓 베이스가 상이할 경우 감독위원의 지시에 따라 작업합니다.

19) 8P 소켓을 사용하는 기구(타이머, 릴레이, 플리커 릴레이, 온도 릴레이, 플로트레스 등)는 기구의 구분 없이 지급된 8P 소켓(베이스)을 적용하여 작업합니다.
    (각 기구에 해당하는 소켓을 고려하지 않고 모두 동일하게 적용합니다.)

20) 보호 도체(접지)의 결선은 도면에 표시된 부분만 실시하고 보호 도체(접지)는 입력(전원) 단자대에서 제어판 내의 단자대를 거쳐 출력(부하) 단자대까지 결선하며, 도면에 별도로 표시하지 않더라도 모든 보호 도체(접지)는 입력 단자대의 보호도체 단자(PE)와 연결되어야 합니다.
    ※ 기타 외부로의 보호도체 접지의 결선은 실시하지 않아도 됩니다

21) 기타 공사 방법 등은 감독위원의 지시 사항을 준수하여 작업하며, 작업에 대한 문의 사항은 시험 시작 전 질의하도록 하고 시험 진행 중에는 질의를 삼가도록 합니다.

22) 특별히 지정한 것 이외에는 전기 사업 법령에 따른 행정 규칙[전기설비기술기준, 한국전기설비규정(KEC)]에 의하되 외관이 보기 좋아야 하며 안전성이 있어야 합니다.

23) 시험 중 수험자는 반드시 안전 수칙을 준수해야 하며, 작업 복장 상태와 안전 사항 등이 채점 대상이 됩니다.

24) 다음 사항에 대해서는 채점 대상에서 제외하니 특히 유의하시기 바랍니다.
    ○ 기권
    - 과제 진행 중 수험자 스스로 작업에 대한 포기 의사를 표현한 경우
    ○ 실격
    - 지급 재료 이외의 재료를 사용한 작품
    - 시험 중 시설 장비의 조작 또는 재료의 취급이 미숙하여 위해를 일으킬 것으로 감독위원 전원이 합의하여 판단한 경우
    - 기능이 해당 등급 수준에 전혀 도달하지 못한 것으로 감독위원 전원이 합의하여 판단한 경우
    - 시험 관련 부정에 해당하는 장비 기기 재료 등을 사용하는 것으로 감독위원 전원이 합의하여 판단한 경우
    (시험 전 사전 준비 작업 및 범용 공구가 아닌 시험에 최적화된 공구는 사용할 수 없음)

○ 오작

- 시험 시간 내에 제출된 작품이라도 다음과 같은 경우
    (1) 제출된 과제가 도면 및 배치도, 시퀀스 회로도의 동작 사항, 부품의 방향, 결선 상태 등이 상이한 경우(전자 접촉기, 타이머, 릴레이, 푸시버튼 스위치 및 램프 색상 등)
    (2) 주회로(갈색, 흑색, 회색) 및 보조회로(황색) 배선의 전선 굵기 및 색상이 도면 및 유의 사항과 상이한 경우
    (3) 제어판 밖으로 인출되는 배선이 제어판 내의 단자대를 거치지 않고 직접 접속된 경우
    (4) 제어판 내의 배선 상태나 전선관 및 케이블 가공 상태가 불량하여 전기 공급이 불가한 경우
    (5) 제어판 내의 배선 상태나 기구 간격 불량으로 동작 상태의 확인이 불가한 경우
    (6) 보호 도체(접지)의 결선을 하지 않은 경우와 보호 도체(접지) 회로(녹색-황색) 배선의 전선 굵기 및 색상이 도면 및 유의 사항과 다른 경우
       (단 전동기로 출력되는 부분은 생략)
    (7) 컨트롤 박스 커버 등이 조립되지 않아 내부가 보이는 경우
    (8) 배관 및 기구 배치도에서 허용오차 ±50mm를 넘는 곳이 3개소 이상, ±100mm 를 넘는 곳이 1개소 이상인 경우
       (단, 박스, 단자대, 전선관 등이 도면 치수를 벗어나는 경우 개별 개소로 판정)
    (9) 기구(컨트롤 박스, 8각 박스, 제어판)와 전선관 및 케이블이 접속되는 부분에 전선관 및 케이블용 커넥터를 정상 접속하지 않은 경우(미접속 및 불필요한 접속 포함)
    (10) 기구(컨트롤 박스, 8각 박스, 제어판, 단자대)와 전선관 및 케이블이 접속되는 부분에서 가까운 곳(300mm 이하)에 새들을 설치하지 않는 경우
       (단, 굴곡부가 없는 배관에서 기구와 기구 끝단 사이의 치수가 400mm 미만이면 새들 1개도 가능)
    (11) 전원과 부하 전동기 측 단자대에서 L1, L2, L3, PE(보호 도체)의 배치 순서와 U(X), V(Y), W(Z), PE(보호 도체)의 배치 순서가 유의 사항과 상이한 경우, 리밋 스위치 단자대에서 LS1, LS2의 배치 순서가 유의 사항과 상이한 경우, 플로트리스 스위치 단자대에서 E1, E2, E3의 배치 순서가 유의 사항과 상이한 경우
    (12) 한 단자에 전선 3가닥 이상 접속된 경우
    (13) 제어판 내의 배선 시 기구와 기구 사이로 수직 배선한 경우
    (14) 전기설비기술기준, 한국전기설비규정으로 공사를 진행하지 않은 경우
25) 시험 종료 후 완성 작품에 한해서만 작동 여부를 감독위원으로부터 확인받을 수 있습니다.

작업 과제명	과제 1. 전기기능사 실기 공개 도면 1 (1/18) (FLS 릴레이 이용)	전기기능사

1. 배관 및 기구 배치도

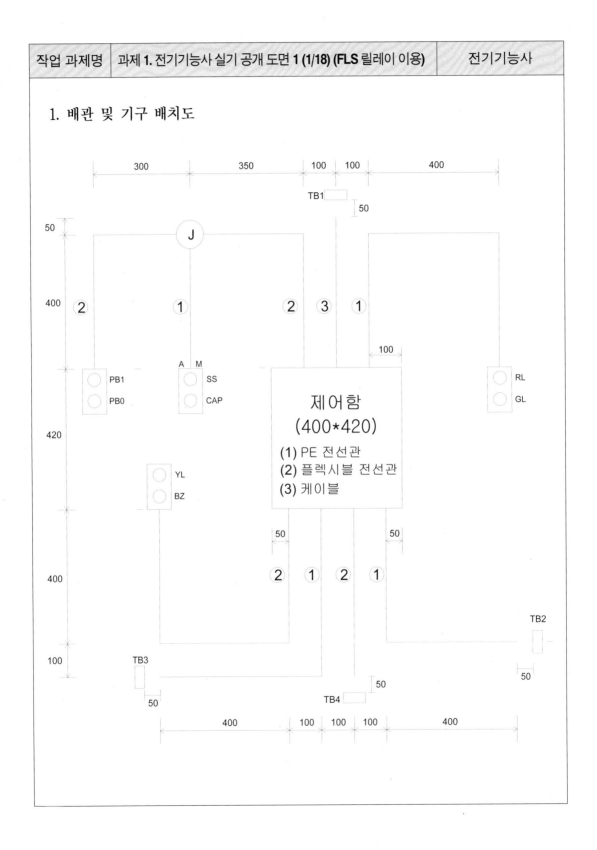

작업 과제명	과제 1. 전기기능사 실기 공개 도면 1 (1/18) (FLS 릴레이 이용)	전기기능사

2. 제어 회로도

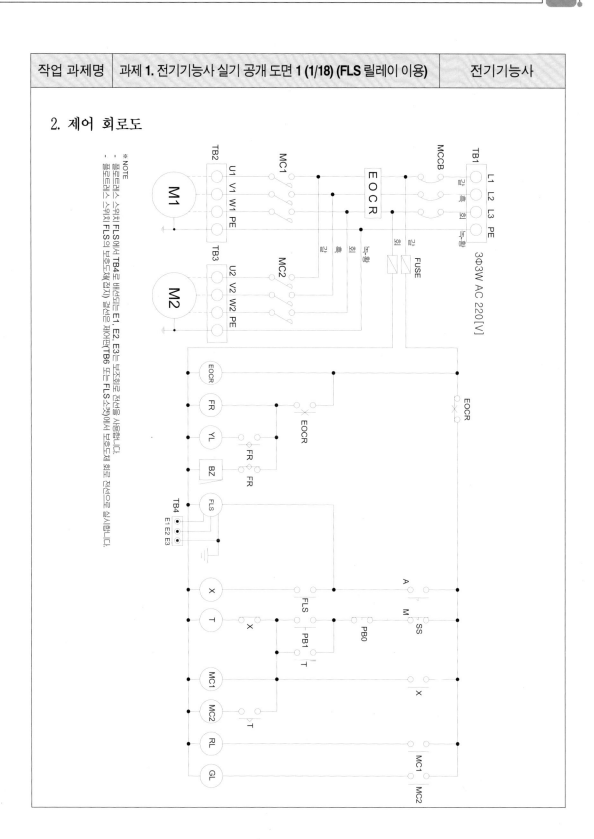

작업 과제명	과제 1. 전기기능사 실기 공개 도면 1 (1/18) (FLS 릴레이 이용)	전기기능사

3. 제어함 내부 기구 배치도

```
         400
TB5(10+10P)
50
95     F  EOCR  MCCB  X  FR
130    T  FLS  MC 1  MC 2
95
TB6(10+10P)
50
```

범 례

기호	명칭	기호	명칭
TB1	전원(단자대 4P)	PB0	푸시버튼 스위치(적색)
TB2, TB3	전동기(단자대 4P)	PB1	푸시버튼 스위치(녹색)
TB4	플로트레스(단자대 4P)	SS	셀렉터 스위치
TB5, TB6	단자대(10P+10P)	YL	램프(황색)
MC1, MC2	전자 접촉기(12P)	GL	램프(녹색)
EOCR	EOCR(12P)	RL	램프(적색)
X	릴레이(8P)	BZ	부저
T	타이머(8P)	CAP	홀마개
FR	플리커릴레이(8P)	J	8각 박스
FLS	플로트레스 스위치(8P)	F	퓨즈 및 퓨즈홀더
MCCB	배선용 차단기		

작업 과제명	과제 1. 전기기능사 실기 공개 도면 1 (1/18) (FLS 릴레이 이용)	전기기능사

4. 제어 부품 내부 결선도

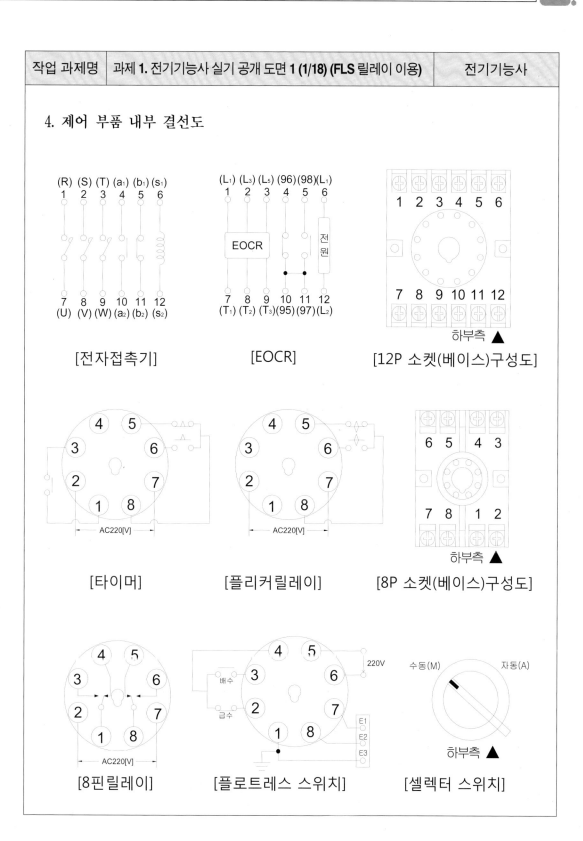

[전자접촉기]

[EOCR]

[12P 소켓(베이스)구성도]

[타이머]

[플리커릴레이]

[8P 소켓(베이스)구성도]

[8핀릴레이]

[플로트레스 스위치]

[셀렉터 스위치]

작업 과제명	과제 2. 전기기능사 실기 공개 도면 2 (2/18) (FLS 릴레이 이용)	전기기능사

1. 배관 및 기구 배치도

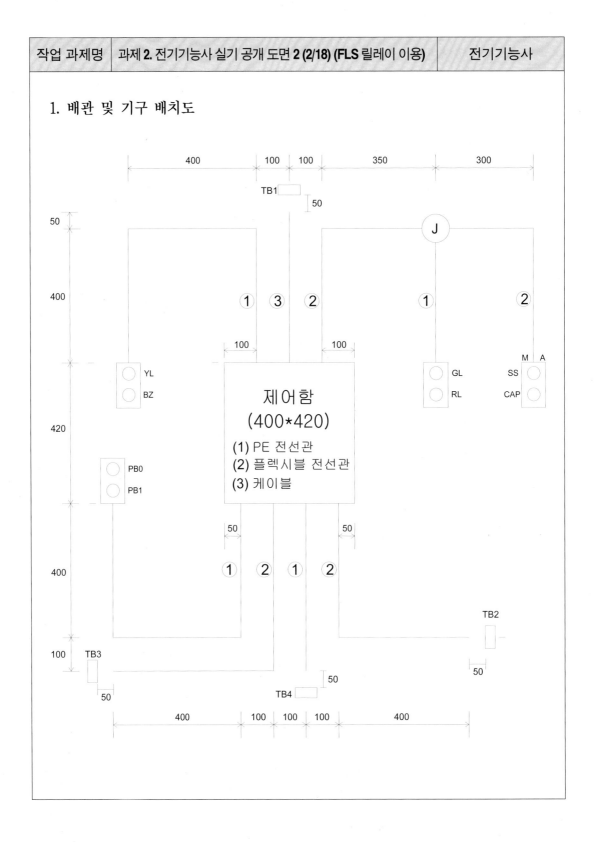

작업 과제명	과제 2. 전기기능사 실기 공개 도면 2 (2/18) (FLS 릴레이 이용)	전기기능사

2. 제어 회로도

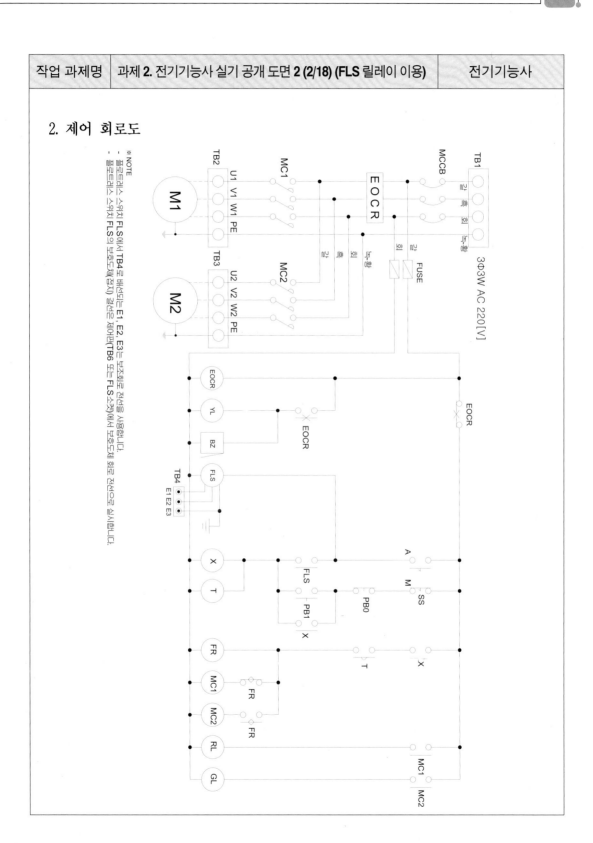

※ NOTE
- 플로트리스 스위치 FLS에서 TB4로 배선되는 E1, E2, E3는 보조회로 전선을 사용합니다.
- 플로트리스 스위치 FLS의 부호두체(접지) 결선은 제어판(TB6 또는 FLS소켓)에서 부호두체 회로 전선으로 실시합니다.

작업 과제명	과제 2. 전기기능사 실기 공개 도면 2 (2/18) (FLS 릴레이 이용)	전기기능사

3. 제어함 내부 기구 배치도

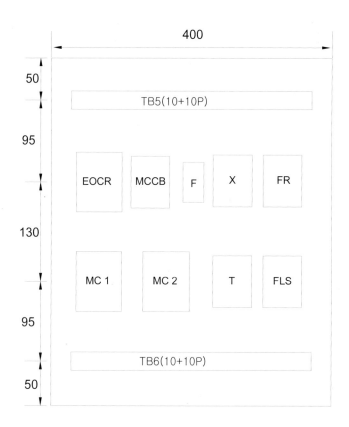

범　례

기호	명칭	기호	명칭
TB1	전원(단자대 4P)	PB0	푸시버튼 스위치(적색)
TB2, TB3	전동기(단자대 4P)	PB1	푸시버튼 스위치(녹색)
TB4	플로트레스(단자대 4P)	SS	셀렉터 스위치
TB5, TB6	단자대(10P+10P)	YL	램프(황색)
MC1, MC2	전자 접촉기(12P)	GL	램프(녹색)
EOCR	EOCR(12P)	RL	램프(적색)
X	릴레이(8P)	BZ	부저
T	타이머(8P)	CAP	홀마개
FR	플리커릴레이(8P)	J	8각 박스
FLS	플로트레스 스위치(8P)	F	퓨즈 및 퓨즈홀더
MCCB	배선용 차단기		

작업 과제명	과제 **2.** 전기기능사 실기 공개 도면 **2 (2/18) (FLS** 릴레이 이용**)**	전기기능사

4. 제어 부품 내부 결선도

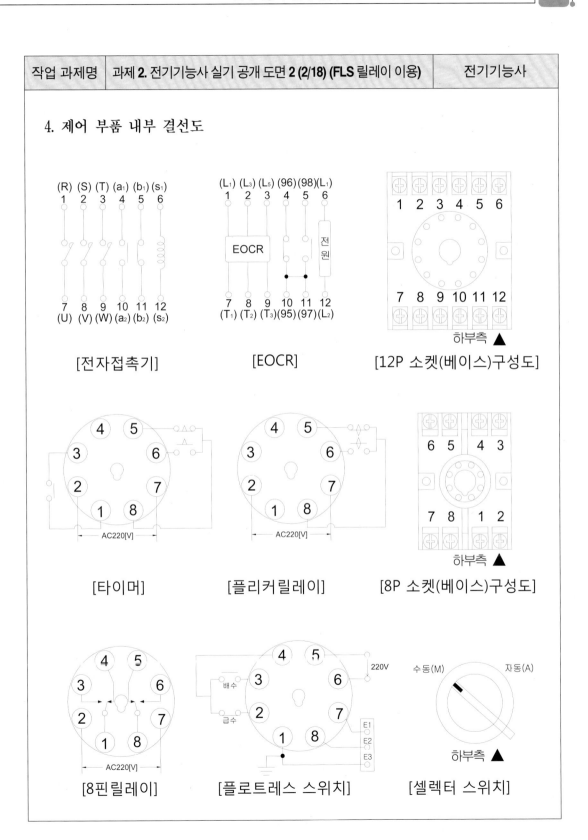

[전자접촉기]

[EOCR]

[12P 소켓(베이스)구성도]

[타이머]

[플리커릴레이]

[8P 소켓(베이스)구성도]

[8핀릴레이]

[플로트레스 스위치]

[셀렉터 스위치]

작업 과제명	과제 3. 전기기능사 실기 공개 도면 3 (10/18) (LS 사용)	전기기능사

1. 배관 및 기구 배치도

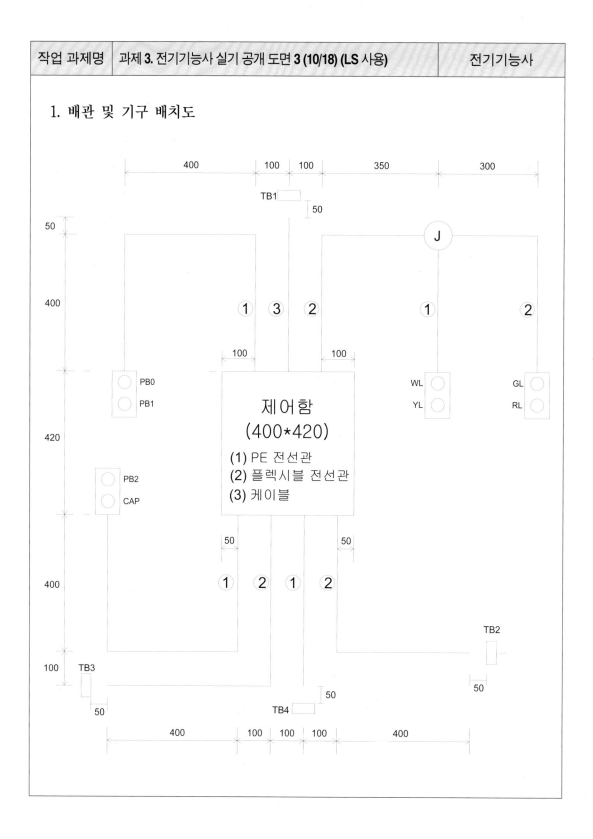

작업 과제명	과제 3. 전기기능사 실기 공개 도면 3 (10/18) (LS 사용)	전기기능사

2. 제어 회로도

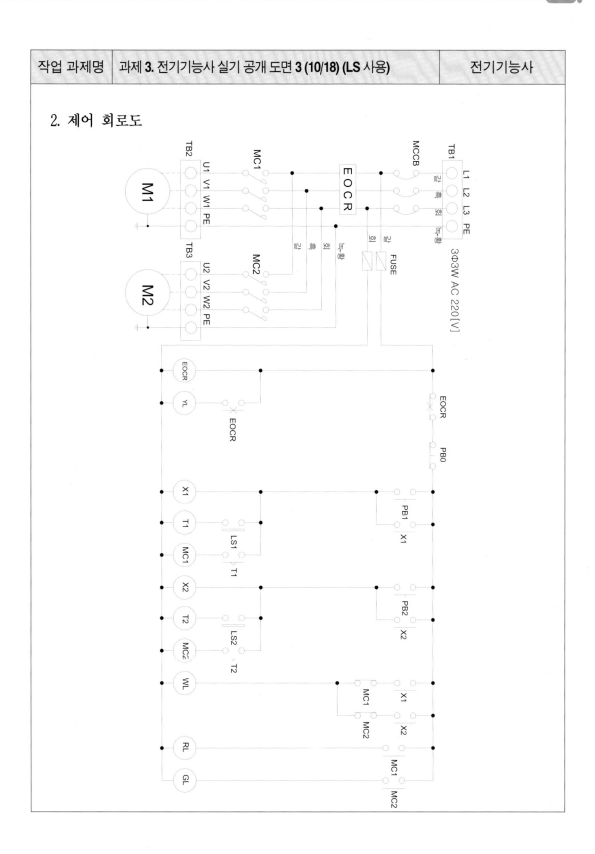

작업 과제명	과제 3. 전기기능사 실기 공개 도면 3 (10/18) (LS 사용)	전기기능사

3. 제어함 내부 기구 배치도

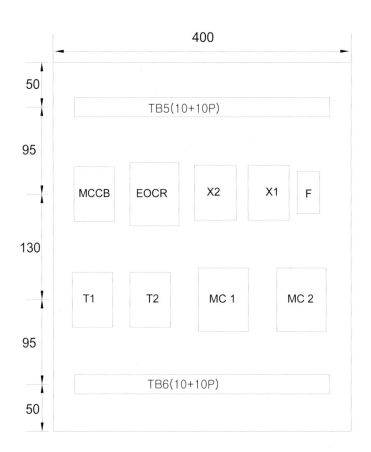

범 례

기호	명칭	기호	명칭
TB1	전원(단자대 4P)	PB0	푸시버튼 스위치(적색)
TB2, TB3	전동기(단자대 4P)	PB1	푸시버튼 스위치(녹색)
TB4	LS1, LS2(단자대 4P)	PB2	푸시버튼 스위치(녹색)
TB5, TB6	단자대(10P+10P)	YL	램프(황색)
MC1, MC2	전자 접촉기(12P)	GL	램프(녹색)
EOCR	EOCR(12P)	RL	램프(적색)
X1,X2	릴레이(8P)	WL	램프(백색)
T1, T2	타이머(8P)	CAP	홀마개
F	퓨즈 및 퓨즈 홀더	J	8각 박스
MCCB	배선용 차단기		

작업 과제명	과제 **3.** 전기기능사 실기 공개 도면 **3 (10/18) (LS** 사용)	전기기능사

4. 제어 부품 내부 결선도

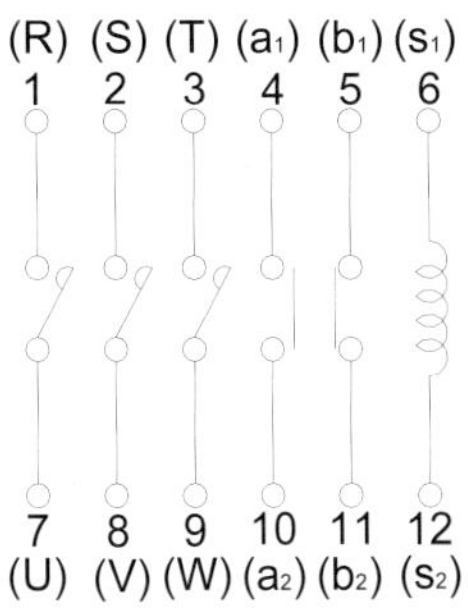

[전자접촉기]

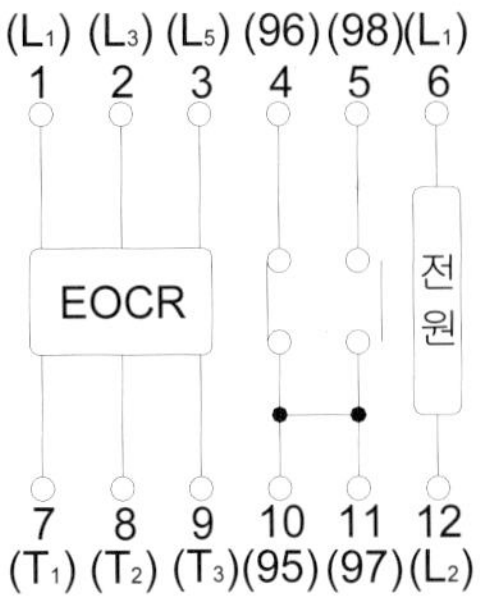

[EOCR]

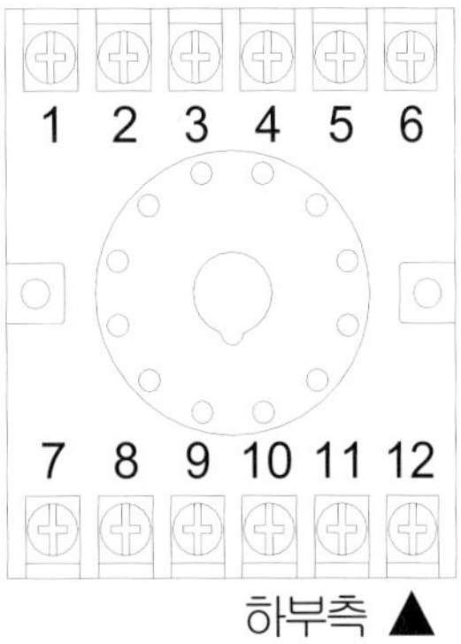

[12P 소켓(베이스)구성도]

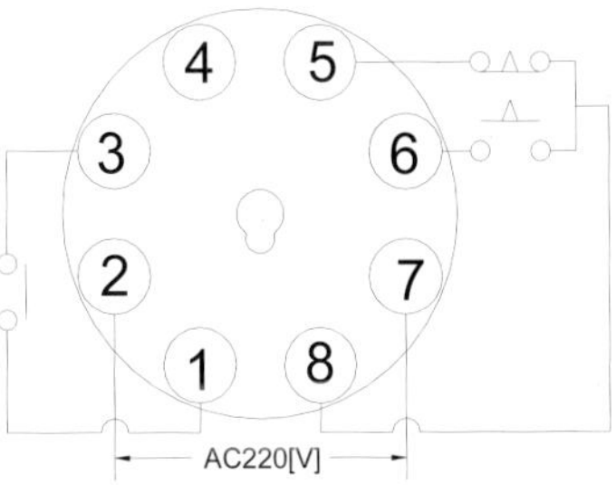

[타이머]

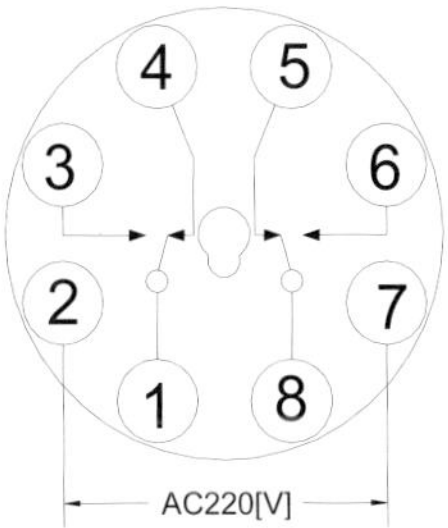

[8P 릴레이]

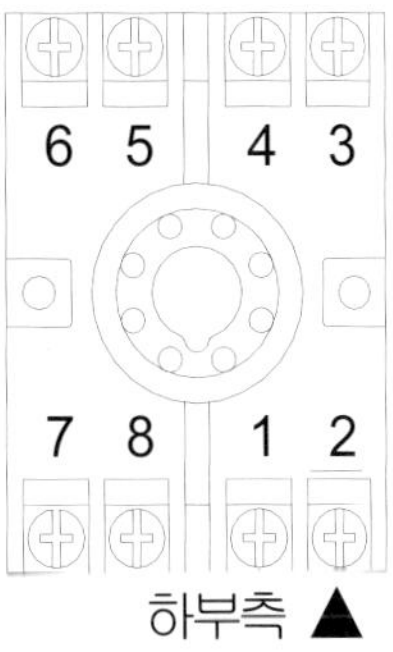

[8P 소켓(베이스)구성도]

작업 과제명	과제 4. 전기기능사 실기 공개 도면 4 (11/18) (LS 사용)	전기기능사

1. 배관 및 기구 배치도

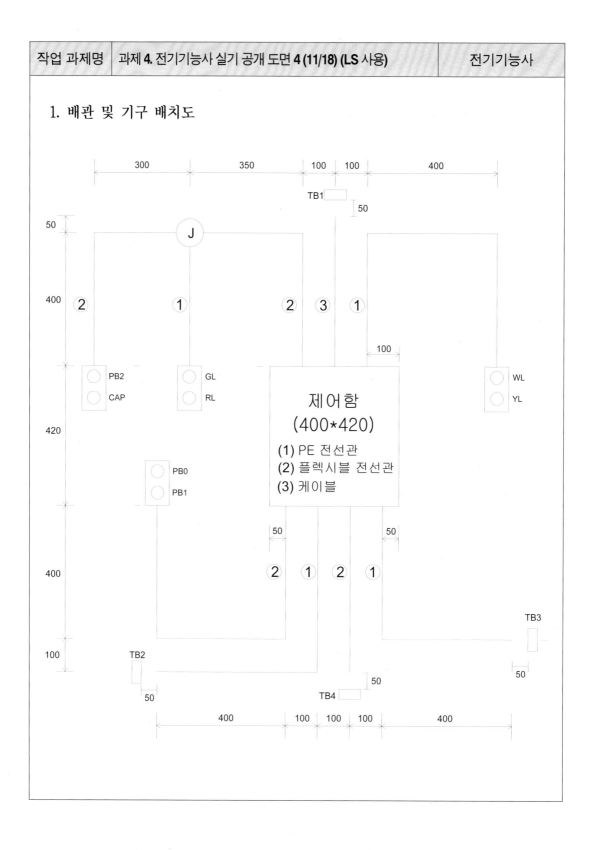

작업 과제명	과제 **4.** 전기기능사 실기 공개 도면 **4 (11/18) (LS** 사용)	전기기능사

2. 제어 회로도

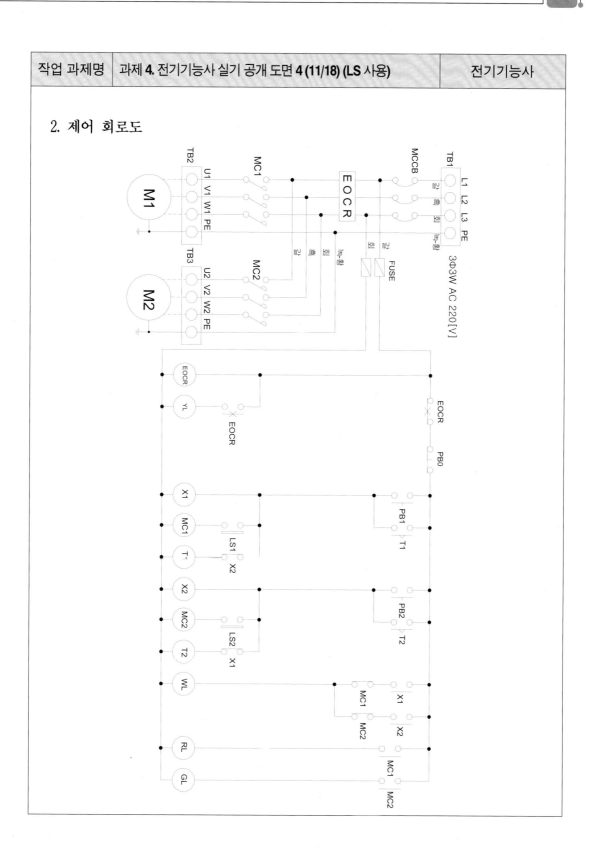

작업 과제명	과제 **4.** 전기기능사 실기 공개 도면 **4 (11/18) (LS** 사용)	전기기능사

3. 제어함 내부 기구 배치도

400

50

TB5(10+10P)

95

| EOCR | MCCB | F | X2 | X1 |

130

| MC 1 | MC 2 | T2 | T1 |

95

TB6(10+10P)

50

범 례

기호	명칭	기호	명칭
TB1	전원(단자대 4P)	PB0	푸시버튼 스위치(적색)
TB2, TB3	전동기(단자대 4P)	PB1	푸시버튼 스위치(녹색)
TB4	LS1, LS2(단자대 4P)	PB2	푸시버튼 스위치(녹색)
TB5, TB6	단자대(10P+10P)	YL	램프(황색)
MC1, MC2	전자 접촉기(12P)	GL	램프(녹색)
EOCR	EOCR(12P)	RL	램프(적색)
X1,X2	릴레이(8P)	WL	램프(백색)
T1, T2	타이머(8P)	CAP	홀마개
F	퓨즈 및 퓨즈 홀더	J	8각 박스
MCCB	배선용 차단기		

작업 과제명	과제 **4.** 전기기능사 실기 공개 도면 **4 (11/18) (LS** 사용)	전기기능사

4. 제어 부품 내부 결선도

(R) (S) (T) (a₁) (b₁) (s₁) 1 2 3 4 5 6 7 8 9 10 11 12 (U) (V) (W) (a₂) (b₂) (s₂)	(L₁) (L₃) (L₅) (96)(98)(L₁) 1 2 3 4 5 6 EOCR 전원 7 8 9 10 11 12 (T₁) (T₂) (T₃)(95)(97)(L₂)	1 2 3 4 5 6 7 8 9 10 11 12 하부측 ▲
[전자접촉기]	[EOCR]	[12P 소켓(베이스)구성도]
4 5 3 6 2 7 1 8 AC220[V]	4 5 3 6 2 7 1 8 AC220[V]	6 5 4 3 7 8 1 2 하부측 ▲
[타이머]	[8P 릴레이]	[8P 소켓(베이스)구성도]

부록(5과제)

학습 목표

본 과제는 수배전 설비의 시퀀스 제어 도면 등의 내용을 포함하고 있어 현장 도면을 이해하는데 도움을 줄 수 있다.

작업과제명	제1과제 : 보조 릴레이를 이용한 인터록 회로	작업시간	4시간

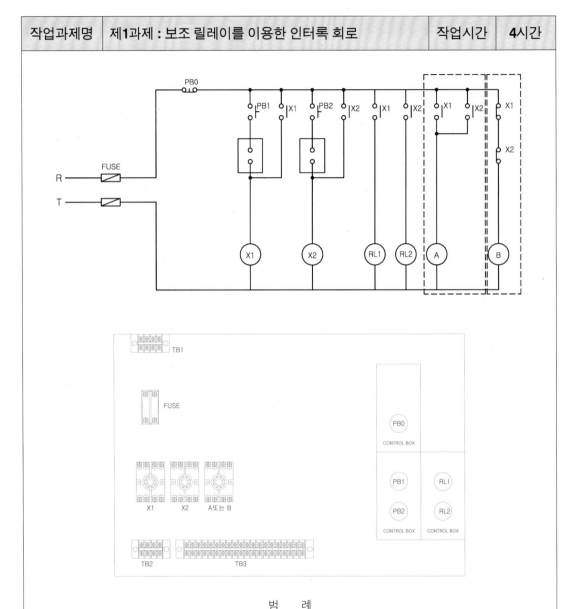

범 례

기호	명칭	기호	명칭
TB1	전원 단자대(4P)	RL1,RL2	파일럿램프(적) 220V
TB2	전동기 단자대(4P)		
TB3	단자대(20P)		
FUSE	퓨즈 및 퓨즈홀더		
X1.X2.A,B	릴레이(8P) 220V		
PB0	푸시버턴 스위치(적)		
PB1,PB2	푸시버턴 스위치(녹)		

작업과제명	제1과제 : 보조릴레이를 이용한 인터록회로	작업시간	**4시간**

[관계 지식]

1. 기본 동작 해석

   먼저 동작한 PB1 또는 PB2에 의하여 X_1 또는 X_2 동작 시 점선 안의 접점이 열려 차후 PB1 또는 PB2에 의한 신호가 들어와도 더 이상 동작되지 않는다.

   이 동작을 논리식으로 표현하면

X_1	또는	X_2	가 동작 시	접점이 열려	동작 안 됨
$X_1 + X_2$				$\overline{X_1 + X_2}$	
A				$\overline{A}$	

   즉 X_1 과 X_2 의 병렬회로로 A릴레이를 동작시키고 : $A = X_1 + X_2$

   A릴레이의 b접점으로 X_1 과 X_2 의 동작을 차단(운전 스위치와 직렬로 A릴레이의 b접점 구성)

$$\overline{A} = \overline{X_1 + X_2}$$

2. 논리회로의 변경

   $\overline{X_1 + X_2} = \overline{X_1} \cdot \overline{X_2}$: $\overline{X_1}$ 과 $\overline{X_2}$ 의 직렬회로로 B릴레이를 동작시키고

   B릴레이의 a접점으로 X_1 과 X_2 의 동작을 차단(운전 스위치와 직렬로 B릴레이의 a접점 구성)

3. 위 내용을 참고로 하여 좌측의 점선 수분에 A릴레이를 사용한다면 A릴레이의 (a접점, b접점)을 사용하여야 되고 B릴레이를 사용한다면 (a접점, b접점)를 사용하여야 된다.

4. 제6과제 선행 우선 인터록 회로 배선하기의 추가 과제

작업과제명	제2과제 : 표시등 점검회로 구성하기	작업시간	4시간

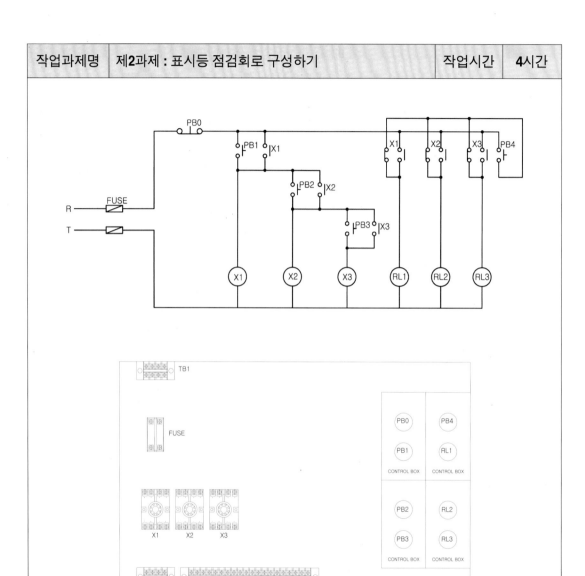

범 례

기호	명칭	기호	명칭
TB1	전원 단자대(4P)	PB4	푸시버턴 스위치(백)
TB2	전동기 단자대(4P) 사용안함	RL1,RL2.RL3	파일럿램프(적) 220V
TB3	단자대(20P)		
FUSE	퓨즈 및 퓨즈홀더		
X1,X2,X3	릴레이(8P) 220V		
PB0	푸시버턴 스위치(적)		
PB1,PB2,PB3	푸시버턴 스위치(녹)		

작업과제명	제2과제 : 표시등 점검회로 구성하기	작업시간	4시간

[관계 지식]

1. 기본 동작 해석

  제어회로의 동작 상태를 정확하게 확인하기 위하여 표시등을 사용하고 있다. 이 표시등의 고장으로 말미암아 잘못된 판단을 할 수 있고 또한 사고로 이어질 수 있다.

  이러한 사고를 방지하기 위하여 표시등을 수시로 점검할 필요가 있어 표시등을 점검하는 회로를 첨가하여 제작한다면 보다 편하고 안전하게 제어회로를 사용할 수 있을 것이다.

2. 질문

 1) X1, X2, X3, 의 b 접점을 이용한 표시등 점검회로이다.

  만약 X1, X2, X3, 의 b 접점을 이용하지 않고 바로 연결하였다면 어떠한 현상이 발생되는지 설명하세요

작업과제명	제3과제 : 간호사 호출회로 구성하기	작업시간	4시간

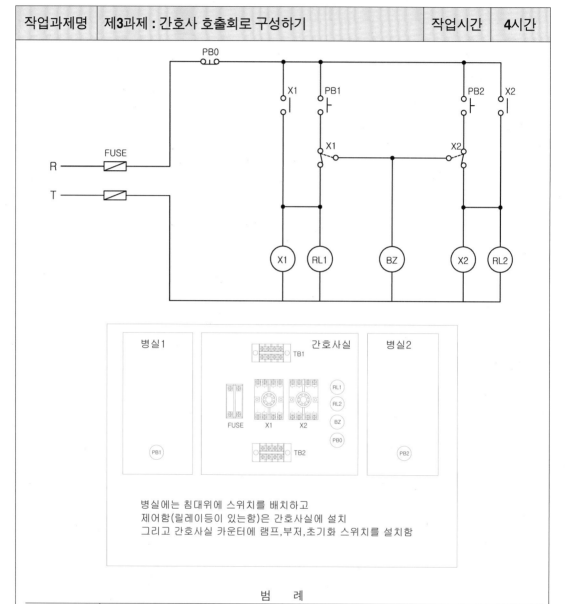

병실에는 침대위에 스위치를 배치하고
제어함(릴레이등이 있는함)은 간호사실에 설치
그리고 간호사실 카운터에 램프,부저,초기화 스위치를 설치함

범 례

기호	명칭	기호	명칭
TB1	전원 단자대(4P)	RL1	파일럿램프(적) 220V 병실1
TB2	병실 스위치 연결단자대	RL2.	파일럿램프(적) 220V 병실2
FUSE	퓨즈 및 퓨즈홀더	BZ	부저, 병실1, 2 공용
X1,X2	릴레이(8P) 220V		
PB1	푸시버턴 스위치(녹) 병실1		
PB2	푸시버턴 스위치(녹) 병실2		
PB0	푸시버턴 스위치(적) 리셋용		

작업과제명	제3과제 : 간호사 호출회로 구성하기	작업시간	4시간

[관계 지식]

1. 요구사항

 1) PB1 누르면 X1 여자 =〉 1호실 표시등(RL1)과 부저(BZ) 동작

   PB1에서 손을 떼면 부저(BZ)만 정지하고 1호실 표시등(RL1)은 계속 점등 유지된다.

 2) PB2 누르면 X2 여자 =〉 2호실 표시등(RL2)과 부저(BZ) 동작

   PB2에서 손을 떼면 부저(BZ)만 정지하고 2호실 표시등(RL2)은 계속 점등 유지된다

 3) PB0 누르면 모든 것 정지 : 초기상태

2. 좌측 부분에 적당한 릴레이 접점을 표기하여 회로를 완성하세요

3. 제11과제 자동정지회로 배선하기 추가 과제

작업과제명	제4과제 : 반복회로	작업시간	4시간

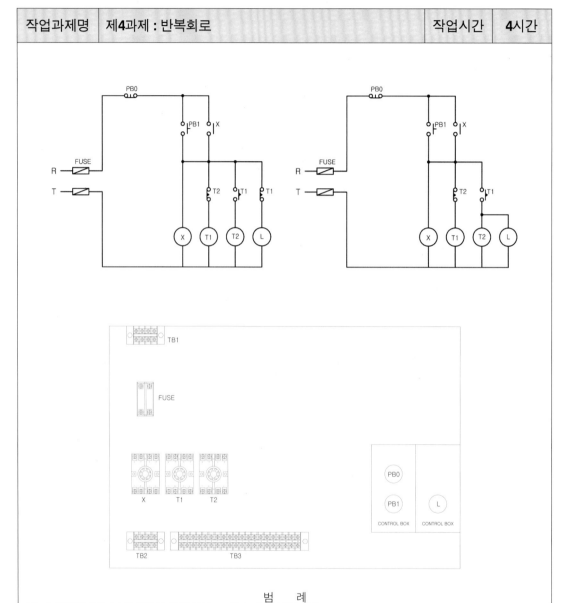

범 례

기호	명칭	기호	명칭
TB1	전원 단자대(4P)	PB1	푸시버턴 스위치(녹)
TB2	전동기 단자대(4P) 사용안함	PB0	푸시버턴 스위치(적)
TB3	단자대(20P)		
FUSE	퓨즈 및 퓨즈홀더		
X	릴레이(8P) 220V		
T1,T2	타이머(8P) 220V		
L	파일럿램프(적) 220V		

작업과제명	제4과제 : 반복회로	작업시간	4시간

[관계 지식]

1. 타이머 2개로 플리커 회로를 만드는 방법이다.

　신호등 등에 많이 사용되는 회로지만 일상생활에서도 환풍기의 과부하 방지 회로처럼 동작조건이 들어오면 일정 신간 간격으로 운전과 정지를 반복하는 회로등에 사용될 수 있다.

2. 경우1의 동작

　: PB1(운전) 신호가 들어오면 램프 L 이 T1초 동안 운전(점등), T2초 동안 정지(소등)를 반복하며 PB0(정지) 신호가 들어오면 동작을 정지(소등)한다.

　요약) 점등시간 T1, 소등시간 T2

3. 경우2의 동작

　: PB1(운전) 신호가 들어오면 T1초 후　램프 L이 운전(점등) (T2초 동안), T2초 후 정지(소등)를 반복하며 PB0(정지) 신호가 들어오면 동작을 정지(소등)한다.

　요약) 점등시간 T2, 소등시간 T1

4. 제12과제 반복동작회로 배선하기 참고 과제임.

작업과제명	제5과제 : 부저 정지회로	작업시간	4시간

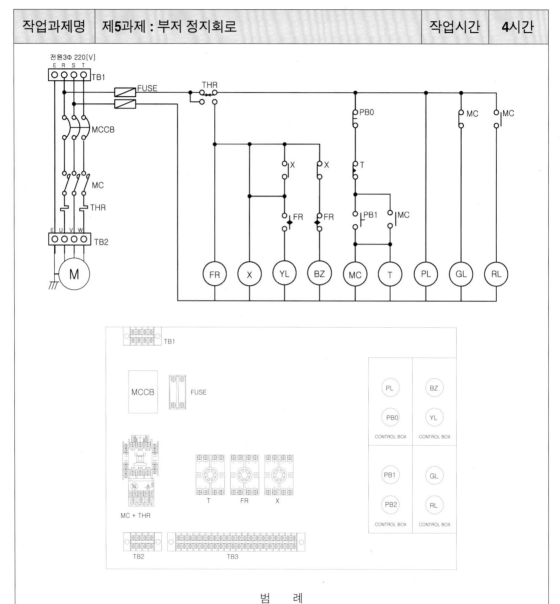

	범 례		
기호	명칭	기호	명칭
TB1	전원 단자대(4P)	PB2	푸시버턴 스위치(백)
TB2	전동기 단자대(4P)	RL,GL,YL	파일럿램프(적) 220V
TB3	단자대(20P)	BZ	부저 220V
MCCB	배선용차단기 3P		
FUSE	퓨즈 및 퓨즈홀더		
PB0	푸시버턴 스위치(적)		
PB1	푸시버턴 스위치(녹)		

작업과제명	제5과제 : 부저 정지회로		작업시간	4시간

[관계 지식]

1. MCC 제어 판넬 및 수변전 제어판 넬에서 설비사고로 보호계전기가 동작한 경우, 설비를 정지시키고 이 사실을 USER에게 알리기 위하여 부저와 경고 표시등을 점등시킨다. 이때 사고을 인지하고 USER가 현장에 도착하였는데도 계속 부저음이 난다면 혼란을 유발시킬수 있을 것이다. 그래서 부저 정지 버턴을 만들어 부저를 정지시키고, 사고가 계속 유지되고 있는지를 확인하기 위해서 고장 표시등을 점등시키는 방식은 현장에서 많이 사용되고 있는 방식이다.

2. 제19과제 3상 유도전동기 한시기동정지 회로배선 추가 과제

■ 참고 문헌

- 오수홍, 시퀀스제어실기, 한국산업인력공단, 2014
- 박원규, 동력 배선실기, 한국산업인력공단, 2002
- 김성래, 문광명, 박찬규, 박현호, 오수홍, 시이퀀스 및 PLC제어, 태영문화사, 2003
- 현근호, 자동제어공학, 한국산업인력공단, 2001
- 윤만수, 시퀀스제어이론과실험, 일진사, 2004
- 황병원, 릴레이 무접점 순서제어, Ohm社, 1997
- 이해기, 강신출, 안진호, 시이퀀스 제어기술, 태영문화사, 2003
- 월간전기기술편집부, 릴레이시퀀스제어와활용테크닉, 성안당, 2002
- 이해기, 최홍규, 오철균, 시이퀀스 및 PLC 제어, 광명, 2000
- 김하호, 오수홍, 박현호, 김종만, 알기쉬운자동제어, 태영문화사, 2005
- 최승길, 이영우, 시퀀스 제어 일반, 일진사, 200

유튜브(YouTube) 검색창에서
'전기야 놀자 이창우'라는 검색어를 입력하시면
이창우 저자의 다양한 전기관련 동영상 강의를 이용하실 수 있습니다.

개정판

시퀀스 제어
이론 및 실습

2020년	3월	3일	1판 1쇄	발 행
2021년	7월	30일	2판 1쇄	발 행
2022년	7월	30일	2판 2쇄	발 행
2024년	2월	1일	2판 3쇄	발 행
2024년	7월	20일	2판 4쇄	발 행

지은이 : 이창우, 이정근, 홍교의, 김민규, 이중기

펴낸이 : 박 정 태

펴낸곳 : 광 문 각

10881
파주시 파주출판문화도시 광인사길 161
광문각 B/D 4층
등 록 : 1991. 5. 31 제12-484호
전화(代) : 031) 955-8787
팩 스 : 031) 955-3730
E-mail : kwangmk7@hanmail.net
홈페이지 : www.kwangmoonkag.co.kr

- ISBN : 978-89-7093-523-2   93560

값 22,000원

한국과학기술출판협회회원
KSPA